成为
更美好
的自己

卡耐基

写给女人的优雅圣经

（美）戴尔·卡耐基◎著

韦秀英◎编译

北京时代华文书局

图书在版编目（CIP）数据

成为更美好的自己：卡耐基写给女人的优雅圣经 /
（美）戴尔·卡耐基著；韦秀英编译. -- 北京：北京时
代华文书局，2018.2
　　ISBN 978-7-5699-2104-5

　　Ⅰ. ①成… Ⅱ. ①戴… ②韦… Ⅲ. ①女性－修养－
通俗读物 Ⅳ. ① B825-49

中国版本图书馆 CIP 数据核字 (2018) 第 001775 号

成为更美好的自己：卡耐基写给女人的优雅圣经

CHENGWEI GENG MEIHAO DE ZIJI:KANAIJI XIE GEI NÜREN DE YOUYA SHENGJING

著　　者 ｜（美）戴尔·卡耐基
编　　译 ｜韦秀英

出 版 人 ｜王训海
丛书策划 ｜梁明德
责任编辑 ｜周连杰
特约编辑 ｜廖　丹
封面设计 ｜格林文化
责任印制 ｜刘　银

出版发行 ｜北京时代华文书局　http://www.bjsdsj.com.cn
　　　　　北京市东城区安定门外大街 136 号皇城国际大厦 A 座 8 楼
　　　　　邮编：100011　电话：010-64267955　64267677
印　　刷 ｜三河市祥达印刷包装有限公司　　联系电话 ｜ 0316-3656589
　　　　　（如发现印装质量问题，请与印刷厂联系调换）
开　　本 ｜ 710mm×1000mm　1/16　印　张 ｜ 16.5　字　数 ｜ 250 千字
版　　次 ｜ 2018 年 7 月第 1 版　　印　次 ｜ 2018 年 7 月第 1 次印刷
书　　号 ｜ ISBN 978-7-5699-2104-5
定　　价 ｜ 45.00 元

前　言

　　既要有优雅迷人的外表、魅力四射的言谈举止，又要有强大自信的内心、直面挫折和困难的勇气，这是现代社会对女人的要求。好女人是从岁月中修炼出来的精灵，生活对她们来说是一首绮丽的诗。有人用心经营自己的生活与爱情，有人任凭岁月冲刷掉优雅的灵魂。只有懂得生活、热爱生活的女人，才乐于锤炼自己的心性，才会拥有一份经久不衰的美好。

　　《成为更美好的自己：卡耐基写给女人的优雅圣经》是被誉为美国现代成人教育之父、人际关系学鼻祖、美国著名心理学家和人际关系学家、20世纪最伟大的成功学大师戴尔·卡耐基写给女人的经典之作。他告诉我们，精神的富足比所有的名表、名牌时装都重要，比它们更有价值的是你自己。如何做一个有魅力的女人？卡耐基给了我们精神上的指导：作为女人，要进行自我的修养和精神的塑造，要在恶劣的环境中，活出属于自己的精致与优雅；要了解并喜欢自己，做一支独一无二的玫瑰；要懂得珍惜并享受生活中那一份淡然的轻盈，从容地越过层层的荆棘，并让自己沾满幸福的清香；要在坎坷的人生道路中，坦然地面对一切，快乐而优雅地行走在喧嚣的世界；要做一个热爱工作的女子，享受生活的乐趣；做一个最有魅力的妻子，用睿智的情感缔造成熟的爱……

做一个有魅力的女子，始终在人们面前展示优雅的一面，不是一件容易的事。女人这一辈子，要经历的事太多，要牵挂的人太多，付出的太多，承受的也太多，家庭、事业、爱情……不是每一段行程，都有人搀扶陪伴，总有一些路，是一个人寂寞地在走。生活中不会总是晴天，总有些风雨躲不过去，你要知道，你若不勇敢，没有人替你坚强；你要知道，逝去的爱无法挽回，用不着拿一辈子的幸福做赌注。所以，女人要懂得自爱，懂得好自为之，才能从内而外散发一种美，要保持一颗理智而沉稳的心，淡定地面对人世沉浮，才能拥有优雅明媚的气质。

　　这是一部写给世间所有女子的暖心之作，也是写给天下女人的幸福箴言。希望所有的女人在读完本书后，都能学会在有限的生命里，绽放自己迷人的魅力，吐露醉人的芳华，好好爱自己，做自己，累了就休息，委屈了就哭泣，哭完之后抹干眼泪笑一笑，生活还要继续。也希望所有的女人看完本书后，都可以美好地生活，活出一份理智，一份淡定，学会快乐地享受孤独时光。始终要记得，生命里，没有什么比快乐更重要，而那份天长地久的幸福，也只有自己才给得起。

编者

目　录

第三章
了解并喜欢自己：每个女人都是独一无二的

第四章
拥有极致的美：淡定的女人最优雅

第五章
人际交往的关键：让人们对你"一见钟情"

第六章
保持热忱：把工作当成事业来追求

第一章
达成复合之美：魅力是修养出来的

魅力是一种复合的美，是一种通过后天的努力与修炼达成的美，它不仅不会随年岁的改变而消失，相反，它会在岁月的打磨之中日臻香醇，任何一个女人都可以争取和拥有它。

切忌做潦草的女人

　　谁都有过年轻的时候，年轻本身就是一种美。但是，这种美终究抵挡不住时间的侵蚀，所以无论是外表还是内在，都不能落于潦草。

　　我身边就有很多这样的女士，她们或者因善于整理自己而更加美丽，或者会因自己的潦草而让人过眼即忘。

　　居住在洛杉矶的杰丽是一个年轻美貌的女子，每一个见过她的人都会不由得被她美丽的外表所吸引，她的举手投足经常吸引着人们的目光。不论什么时候，杰丽总是把自己打扮得光彩照人。精致的妆容，得体的衣裳，使她看起来十分美好。因此，杰丽身边总是围绕着一大批追求者，这对她来说，无疑是一件好事情，她将要从他们当中，挑选出一位好小伙陪伴她度过下半辈子。

　　终于，那个长相帅气、温柔、富有的男孩费瑞多走进了杰丽的心。费瑞多也爱慕杰丽好些年了，经历过考验的爱情异常甜美，两人步入了婚姻的殿堂。

婚后费瑞多对杰丽的宠爱让杰丽感受到了幸福与甜蜜。正是因为这种幸福与满足，杰丽渐渐地不再那样用心地装扮自己。特别是有了宝宝之后，杰丽把所有时间都扑在了宝宝身上，更没有时间拾掇自己。偶尔从镜子中看到自己蓬乱的头发，有些干燥的皮肤，杰丽虽然心下有些感叹，但一想到丈夫对自己的爱恋，依然非常满足。

　　可是，杰丽渐渐发现丈夫不再用那充满赞赏与温情的目光看她了，不愿意与她一起逛商店，有一次竟对她不修边幅的样子颇有指责。看着费瑞多双眼留恋地盯着大街上那一抹抹亮丽的身影，杰丽一下子醒悟过来。

　　生活中，很多女人结婚前还是聪明独立的个体，有着很强的个人魅力。可是，一旦结婚，花在自己身上的时间就越来越少，婚姻中无数琐碎的事情，将她们原本棱角分明的个性磨得面目全非。她们真正变成了一个潦草的女人。然而她们的丈夫，却从来没有停止对美好事物的猎取。

　　的确，现实生活中有许多女人因为结婚生子而疏于打扮。结婚前年轻是资本，但是，岁月是无情的，当青春和容颜在不知不觉中消失的时候，女人的牺牲或许能换来丈夫的爱，但也有可能换来丈夫的背叛。被男人娶进门之后，不要以为男人真的在乎的是你的贤惠而不是容貌。因此，女人千万不要相信"即便你不再美丽，我也不会嫌弃你"的谎言而从此潦草生活，不注重打扮。无论何时，一个清爽漂亮的女人，总能给人带来一种愉悦。与其让丈夫去看别的漂亮女人，不如把自己打扮得更漂亮一点，端庄一点，让自己变得更有内涵一点，优雅一点。

　　站在男人的立场，我可以这样说，漂亮而优雅的女人总能最先博人眼球，得到男人的好感，引起人们的遐思，让人第一眼就产生很好的印象。很多男性都坦言自己喜欢与漂亮的女人交往，我也不例外。对于女人来说，爱美是一种积极的表现，至少说明了她们对生活充满了希望，希望得到更多人的关注，这也是一种积极的生活态度。正是因为这种生活态度，不仅是别人，连自己也会变得愉悦而自信起来。

所以，打扮自己，让自己随时随地从容自信，让自己开心，也让别人舒心，何乐而不为呢？

可如果内心是一个潦草的女人，即使再美的外表也依然不能打动人心。因此，除了外在形象，女人更应该注意自己的内在气质。女人真正的美丽，是内外兼修的美，是外在与内心和谐统一的美，二者缺一不可，这是任何一个成熟男人所知悉的。女人的内涵会赋予灵魂以美丽，会使美丽得到质的升华，会让女人美得脱俗。而这种美，会因为时间的沉淀而历久弥新。因此，再美的女人都不可潦草，只有优雅而精致的女人，才会赢得男人的尊重和爱。

我的朋友丽丝是一个不甘平静的女子，她总是在不断地变幻着自己的工作，总是在不同的领域，做着不同的事情，从来不会长时间地把自己局限在某个地方。她对很多事物都充满了好奇，并且努力地去尝试做到最好。丽丝似乎是永远精力充沛、不会老的那种女人，那种清新自然、淡如秋菊的气质，不仅让大批异性爱慕，也让同性羡慕。可她却说："无论是美或不美，我都不会作为花瓶存在，我要的是内在。"

她做过翻译，写过剧本，学过插花，做过很多事情。她总是把自己打扮得精致、美丽。她有她独特的保养秘诀，当所有人都建议她开一家赚钱的美容院时，她却放下一切，去非洲做义工。她穿越了几个国家，跑了很远很远的路，归来之后，显得气质更佳，言谈之中更是多了一份淡然与温和。与众多漂亮的女人在一起，她永远都是最有韵味、最吸引人的那一个，虽然不是最漂亮。

因此，女人不能潦草的，不仅仅是外在的容貌，还有不断修炼而积淀的丰富内涵。一个有魅力的女人，不是仅靠着浅薄的打扮、精心设计的形象就可以无往不胜。真正的魅力，是来自心底最灿烂的闪光，那是经历尝试、思考、百折不回的历练之后沉淀出来的味道，犹如一杯清香的茉莉花茶，意味深远，回味无穷。

有魅力有内涵的女人，除了美丽，还要有智慧。而这，也是一个不断修炼与沉淀的过程。

你可以没有天生的优势，但你要相信后天的改造。怎样才能做一个有魅力、有内涵的女人呢？

要读书。有一丝淡淡的书卷气，增长知识与见识，陶冶情操，修养情趣，以修炼一份知书达理，贤淑文雅。

要自立。不抱怨生活的不公，不紧锁双眉，善用敏锐感恩的心，珍惜花开花落。在自食其力中，创造财富，充实思想。

要拥有高雅气质，既不随波逐流，也不哗众取宠，而是简洁别致，朴素典雅。

要有才华，兴趣广泛，博学多艺。

要懂得打扮自己，有一种积极的生活态度。

要有自信，有内涵，胸怀宽容，头脑理智，目光敏锐，身心健康，做一个浑身上下充满活力的女人。

这样里外兼修的女人，才能真正修炼出一份独特的魅力，赏心于己，赏目于人！这样的女人，不管在哪儿，不管生活过得怎样，都可以满袖生香，步履从容。

克服虚荣心理

> 抓住已经拥有的幸福，平静地看待生活，那么，你的每一天都将是充实的、美好的。
>
> ——卡耐基写给女人的幸福箴言

你是一个虚荣的人吗？如果这个问题不好回答，你不妨想象一下自己面对金钱、权力和人生是非时是怎样做的。它们可以让你真正清楚自己是什么样的人。卢梭曾经说过："有的人几乎从没有以本来面目出现过，总是戴着面具，甚至弄得自己也不认识自己。当有一天不得不露出真面目的时候，他们就会感到十分局促。对他们来说，重要的不是他们实际是什么样的人，而是要在外表上看起来好像是什么样的人。"这就是虚荣。

每个人都有虚荣心，但程度不同。一般女人的虚荣心要比男人强，她们爱漂亮、爱攀比，更爱追求物质上的享受。虚荣就像一件奢华美丽的外衣，每个人都想表现出荣耀。

我朋友给我讲了一个他侄子女友的故事。漂亮的玛瑞拉出身在墨尔本一个乡下农庄，家境贫寒，但她的内心是一个极其骄傲的女孩子。艰难的大学生活里，她宁愿自己饿肚子也要买高档的化妆品，宁愿内衣千疮百孔，也要买华丽的外衣。她暗暗发誓，一定要跻身上流社会，过上让人羡慕的生活。

刚刚进入社会，她向好友借钱买高档衣服，还借钱买珠宝首饰来装扮自己，并告诉朋友和同事，自己出身高贵，父母都是墨尔本的名流。在周围人羡慕的眼光中，她的虚荣心得到了极大的满足。不错，她最后的确踏入了"上流社会"的门槛，至少她交了一个有钱而且颇有家世的男朋友。

就在玛瑞拉认为自己就要实现心中梦想的时候，突然有一天，当玛瑞拉春风得意地从男友的车上下来，准备走进公司的大门时，她却因涉嫌欺诈、欠债不还被法院传讯。男友得知真相后鄙夷而去，周围的朋友和同事，从此也如同路人。

苦苦经营的一切，就这样付之流水，玛瑞拉欲哭无泪。

玛瑞拉的故事告诉我们，这种虚荣所产生的攀比欲望是一个美丽的陷阱，女主人公们稍不注意，就会掉进自己设置的陷阱里去。虽然男女都有虚荣心，但虚荣心给女人带来的痛苦，远比男人多。被绑架的女人，内心是空虚的，表面的虚荣与内心深处的空虚总是不断地在斗争着：在没有达到目的之前，为自己不尽如人意的现状所折磨，陷入心灵困境；即使达到目的，也唯恐真相败露而名誉扫地。一个人如果永远被这种矛盾心理所折磨，他们的心灵总会是痛苦的，完全不会有幸福可言。

莫泊桑的小说《项链》就是一个非常明显的例子。女主人公玛蒂尔德家境贫穷，物质匮乏，地位低下，这就使她陷入了无法摆脱的心灵困境中。她借了一条漂亮的项链参加舞会，希望在舞会上崭露头角。的确，那条璀璨而华丽的项链让她成为人们瞩目的焦点，可当她把项链丢失之后，却付出了长达十年的艰辛，她更加辛苦而卑微地生活，不得不努力赚钱赔偿这条项链。

而简·爱也是相貌平平，出身低微，受尽磨难讽刺，她也对自己的现状非常不满，但她所追求的是独立和自由，是自立于社会的平等、尊重，唯独没有对物质利益的占有，她立志一切都要通过自己的努力而实现。

正因为二人的出发点不同，心境也是不同。玛蒂尔德为她一时的虚荣痛苦地埋单，而简·爱却恬静地过着让人称颂的生活。

很多女人往往只看到别人的幸福、快乐和优点，而忽略了属于自己的那一方晴空。别人比我们过得都快活，那其实是一种错觉，即使权力的最顶峰者，也都有各自的苦恼。国王、总统、首相几乎是权力和财富的象征，看起来可以随心享乐、为所欲为，但事实上，炫目的权力和奢华的生活，不过是生活的表面。走到权力的塔尖所要经历的坎坷与复杂，恐怕不是一般人能想象得到的。有谁曾知道，恩克鲁玛担任加纳元首前，曾经在一家公司的轮船上洗瓶罐；有谁曾听到希特勒25岁时"忧愁和贫困是我的女友，无尽的饥馑是同伴"的哀怨；英国女王伊丽莎白一世受制于宫廷礼仪，连恋爱自由都没有，最终落得个终身未嫁的结局；美国总统杜鲁门上任短短几个月光景，便发现"一个人当了总统就好像骑上了老虎背，他必须一直骑下去，不然就会被老虎吃掉"；俄皇伊丽莎白就位后一直担惊受怕，恐遭人暗算。她每天都要更换房间睡觉，最后干脆找来一个能彻夜不眠的人坐在自己身边，才能安心入睡……

这一切都说明，位高权重、锦衣华服并不一定就是幸福，如果任凭虚荣攀比心理肆意蔓延，不仅得不来幸福，反而让自己身心俱疲，落得个苍凉的下场。

对于女人来说，幸福最重要。如果用衣食无忧、权力与金钱来定义快乐与幸福的话，那你的生活未免也太悲哀了些。权力与金钱买不来快乐，虚荣的女人亦不能得到真正的幸福。没有财富、地位、美貌又怎样？过得平凡又怎样？只要自己内心宁静而充实，不在攀比路上疲于奔命，这就是一种幸福。

其实生活中感到的不满意和烦恼，正源于内心的虚荣，盲目攀比就会忘了享受自己的生活。境由心造，只要自己觉得真心快乐，就的确会如此。羡慕别人的幸福，以别人的成就作为标杆，这种心态每一个人都存在，如果自信占了上风，这种心态就会成为我们进步的动力，向幸福一步步挨近；如果虚荣占了上风，就会产生盲目的情绪，只会让自己陷入急躁之中，一辈子无法淡定。

因此，虚荣是毒药，看起来很美，却让人陷入无法自拔的境地。一个幸福而有魅力的女人，一定能够适时克服自己的虚荣心，内心追求着真善美。一个内心存真存善的人，就能理智地看待问题，从内而外散发出魅力。

同时，克服盲目攀比心理，就是不要横向地去跟他人比较。在这种盲目的比较中，心理永远都无法达到平衡。如果一定要比，就比今天比昨天过得更好。

幸福而充满魅力的女人，总是散发沁人心脾的人格魅力。崇尚高尚的人格，使虚荣心没有机会抬头。所以，女人如果要想获得幸福，就应当安心享受自己的生活，让心灵变得恬淡一点，不和他人比较，或许你不知道，当你羡慕别人的时候，有很多人正在悄悄地羡慕你所拥有的一切。

美丽的女人懂得欣赏和赞美

> 聪明的人不会吝啬自己的赞美之词，每个人都爱听赞美的话，大方一点，几句赞美的话就可以得到他人的好感和认可，还能让自己的形象更加完美。
>
> ——卡耐基写给女人的幸福箴言

女人的美丽不仅指外貌，更在于内心。而一个美丽的女人，肯定会懂得欣赏和赞美别人。美国一位哲学家曾说过："人类天性中都有做个重要人物的欲望。"这是人类与生俱来的本能，人们天生就有一种被人称赞的强烈意愿，而适当得体的欣赏和赞美，会使人感到开心和快乐，也使人更容易接受别人的建议。

桃乐丝·鲁布卢斯基是新泽西州福特蒙马斯市一家联邦信用合作社支行的经理，她讲了她如何通过赞美手下员工，而让员工提高工作效率的事情。

"最近，我们雇了一个年轻姑娘当实习出纳，她非常有能力，有亲和力，与顾客关系处得很好，大家都很喜欢她。而且她处理问题的效率也很高。但是，有一天结账时，这个女孩却出现了问题。

出纳部的经理找到我，强烈要求我解雇她，说她太笨了，教了许多次始终不会，因为她的缘故，耽误了大家的工作。

第二天，我特别注意到她，她业务非常熟练，处理起来确实非常迅速准确，而且总是满脸微笑，轻声细语，耐心解答顾客的问题，与顾客相处得非常愉快。但没过多久，我就发现了她结账时出现问题的原因。下班之后，我专门找到了她。因为接连两次失误，她也猜到我找她的目的，显得有些局促不安。我并没有直接指责她的错误，而是先夸奖了她的友善和对工作的热情，以及她工作时的准确和效率。接着，我建议她将现金平衡过程复习一下，避免类似错误发生。她从我的欣赏与赞美中明白了我对她的信任，并且照我说的话做了，从此再也没有出现过错误。"

一个小小的赞美，既能让别人做得更好，更有自信，又能展示自己的真诚心胸与善解人意，何乐而不为呢？如果你总是带着欣赏的目光去赞赏身边的人，那么，你就一定能听到这样的心声：这个人在真挚地关心着我，尊重我，她一定是一个优秀而美丽的女人。你对别人的了解和赞美，让你在他人心中的形象也变得更加高大。

我的一位朋友应卡尔文·柯立芝总统之邀，周末去白宫做客。当他刚刚进入总统的私人办公室时，他就听到柯立芝正在对一位秘书说："你今天早上穿的衣服漂亮极了，你真是一位美貌、迷人的姑娘。"

柯立芝总是沉默寡言，这句话无疑是他一生当中对一位秘书的最高称赞了。这秘书大概也从未想到会获得如此殊荣，竟然羞红了脸。然后柯立芝又说："不要太高兴了，我说那话只是让你觉得高兴一些，从现在起，我希望你能注意一下标点符号。"

就这么奇怪，当我们听到别人称赞我们的优点之后，再听一些让人不愉快的话，总是会好受一些。特别是越成功的人，越会注意别人身上存在的那些微不足道的优点，并且会努力去满足他人的这种乐于受到赞美的心理需求。这样做，会让人觉得你非常有亲和力，就因为那一点欣赏和赞美，人们会更乐于与你相处。相反，如果总摆架子，或者一个漂亮的女人总是对他人嗤之以鼻，专挑别人的毛病，这样的人，又有谁愿意与之亲近呢？时间长了，在别人心目中的形象只会越来越差。

因此，懂得欣赏和赞美别人的女人，一定非常有魅力。因为在毫不经意的欣赏与赞美之中，就能收获人心，感染他人。这样的女人，有一双善于发现美的眼睛，美丽了他人，同样美丽了自己。

赞美既是语言的一门艺术，又是展现自己魅力的手段。学会欣赏他人，留意他人的长处，对自身的形象提升是有很大的好处的。

萨曼达是一家钢铁公司的人事主管，她在这家公司已经工作多年了。

萨曼达发现，公司总裁每次演讲都非常的精彩。于是，萨曼达在很多场合都表达了自己的看法，认为总裁的演讲总能受到众人的好评，使人精神振奋。总裁听到后非常高兴，并开始留意她，并发现萨曼达总能以欣赏的目光看人，毫不吝啬自己的赞美之词。

一年后，萨曼达被任命为公司的副经理。总裁的这一举动让许多人纳闷，纷纷询问缘由。总裁说：萨曼达最大的资产就是能发现他人的长处，而且具有欣赏与赞美他人的品质。

无论身份地位如何，每一个人都期盼得到称赞与肯定。一个微微欣赏的眼神，一句毫不起眼的赞美，都可以让人的自信心和力量倍增。詹姆士说：人类本质中最殷切的要求是渴望被肯定。或许只是一句短短赞扬的话语，却可以改变别人的一生，也能为自己创造新的生机。

爱玛可以称得上公司的元老了，她即将被选为副经理。可是董事会上，却突然有一位董事提出反对意见。于是，这个对爱玛的任命不得不搁置起来。

爱玛的朋友告诉她，这位董事有收藏古籍珍本的嗜好，每当有人对他收藏的东西表示欣赏和称赞时，他都如同遇到了知己，非常兴奋。于是，爱玛就打电话给这位董事，真诚地说：如果能在您的书室欣赏到被人们赞誉的典籍，这将是我一生的荣幸。

董事为有这样一个志同道合的人感到高兴，于是邀请了爱玛到他的藏书室，并向她介绍了部分古籍的来历。爱玛一边听，一边不住地由衷称赞，感谢董事让她大开了眼界，增长了见识，并且在说话的时候，流露出对董事真诚的钦佩和敬仰。

这次交流，让这位董事重新认识了爱玛，他完全赞成爱玛当副经理。而爱玛也为董事的博学所折服，两人竟成了知心朋友。

赞美别人，其实不仅是暖了别人的心，更是为自己留了一条宽阔的路。它既不需要付出代价和本钱，也不用冒风险，既展现了自己善解人意的一面，又极易让一个人的成就感和荣誉感得到满足。如果当别人希望得到你的赞美而你却忽略或选择了沉默，他一定会产生一种挫败感，甚至会认为你心胸狭窄，忌妒别人，从而产生怨恨和不满情绪。

渴望得到赞美是人的共性。生活中，人人需要赞美，需要一种来自他人的欣赏与肯定。但是，赞美一定要真诚，真心欣赏别人的长处与优点。切不可无根无据、虚情假意地对别人乱加赞美，这样不仅会让人感到莫名其妙，更会觉得你虚伪狡猾。所以，善用你的赞美。

永远高雅地微笑吧

> 微笑会让你更加有魅力，微笑的女人是阳光的、自信的、成熟的、和善的、聪慧的、优雅的，即使面对生活的磨难与曲折，也不要忘了绽放你嘴角与眼底的微笑。
>
> ——卡耐基写给女人的幸福箴言

微笑的作用到底有多大呢？我给大家讲一个我培训班上发生的事情。我在培训的时候，曾经向很多人建议，在每天每时每刻向自己遇到的每一个人送上一个轻松的微笑，然后再把自己的心得和所得到的效果说出来。有一个叫作瓦立安·史得哈德的学员在纽约证券交易所工作，他给我写了一封信，信上说：

我和太太结婚已经18年了。我是一个严肃的人，这18年来，我每天从早上起床到吃完饭离开家，很少向我太太展露笑脸，也很少说话。由于我在您的训练班上训练时，您要求我们每天都展露笑脸，于是我决定尝试一个礼拜。

第二天早晨，站在镜子前梳头的时候，我对着镜子里那张绷得紧张的面孔说："你今天必须要展现出一张笑脸来，不要再阴沉着一张脸，从现在开始，面带微笑吧！"于是，当我和太太坐下吃早餐的时候，我面带笑容，对太太说："亲爱的，早上好。"

您曾经说过，如果我这样做的话，她一定会感动惊奇。但事实远远不是你说的那样，她当时迷惑地看着我，愣住了，但她的眼里却有掩饰不住的高兴。这是她意想不到的事情，这是她长期以来最希望获得的一件事情！看着她高兴的样子，我决定以后天天都这样。两个多月来，我坚持如此，现在，我们的生活和家庭，已经完全改变了。

现在，所有的人都发现我变了，变得越来越快乐。上班时，我对电梯员微笑，对司机微笑；去柜台换钱时，我对里面的伙计微笑；我在交易所里工作，即使遇到那些毫不认识的人，我也总是带着一缕笑容……这样没过多久，我就发现之后的每一个人见到我，都会向我微笑。我突然发现，我的微笑给我带来了财富，很多很多的财富。

作为一位女士，不管是不是外表迷人，只要你能够向别人微笑，那么你无疑就是向别人表示："知道吗？我非常非常喜欢你，是你给我带来了快乐，能够见到你我非常高兴。"这就是微笑的力量，你对人报以微笑，别人也对你微笑，世间很多纷繁复杂的矛盾，或许就在这一个微笑中化解。每个人都在追求幸福，但幸福并不取决于外界的因素，而在于你内心的状态。或许就是那一抹简单却又真诚的微笑，就会让你收获快乐与幸福。

的确，和声音相比，微笑有一种神秘的吸引力，即使你什么都不说，但在嘴角微微上扬的那一刻，就会让周围的气氛随之变得生动起来。你的微笑，传递的是快乐，它就像一枚磁石一样，吸引着你周围的人。不需要做太多，只需要绽开笑脸，它就会像绽放在你脸上的美丽之花，时刻散发着迷人的芳香。

我以前读过这样一篇感人至深的文章：

艾格莎女士一生未婚，她收养了自己的侄子汤尼。汤尼十八岁参军后，在部队一待就是十年。

一天傍晚，艾格莎收到了一封部队发来的电报。电报上说，她亲爱的侄子不幸遇难了。

对她来说，这个消息无疑是晴天霹雳，艾格莎当时就昏了过去。当她醒来后，说什么也不相信汤尼真的已经离开了她，她始终坚信她的汤尼还活在人间。

几天后，部队送来了汤尼的骨灰盒。她再也看不到汤尼的微笑，听不到汤尼喊她"妈妈"的声音了。那一刻，艾格莎痛不欲生，她觉得活着已经没有任何意义。

从此以后，艾格莎变得异常冷漠。她活着的唯一寄托，就是经常回忆和汤尼在一起的日子，于是，她决定离开这个到处充满汤尼影子的地方。

她开始收拾行李，突然一封信落入了她的眼帘，那是几年前母亲去世的时候，汤尼写给她的信。信上说："妈妈，我们都会想念她，特别是你。但是，我知道你会撑过去的。因为在我心里，你是世界上最伟大的女人，我永远都不会忘记你曾经告诉我的一句话：不管活在哪里，不管我们相隔多远，都一定要记得微笑，就像一个男子汉那样，承受已经发生的一切。现在，我希望把这句话送你您，我亲爱的妈妈。"

艾格莎看到这里，放下了正在收拾的行李，她告诉自己一定要好好活下去，不让汤尼失望。她在心里默默地对汤尼说："安息吧，我的孩子！我能承受一切发生的事情。"

汤尼死后，艾格莎第一次认真地给自己化好了妆，穿上了自己最喜欢的衣服，她对镜子中的自己说："就算输掉一切，也不能输掉微笑。"

人的一生，总有些无法预测的灾难，不悦与不幸，总是在没有防备的时候悄悄降临。难过与悲伤时，不要总指望有人始终陪在你身边，给你安慰与扶持。真正强大的女人，无论身处何种境遇，总能温和从容，淡定如菊，笑靥如花。她们用一抹充满魅力的微笑，从容地应对生活的磨难，尽管双肩柔弱，但依然毅然地扛起沉重的悲伤。这种风采，如何不令人心动？

非洲的一座火山爆发后，疯狂的泥石流咆哮着吞噬了山脚下不远处的一个小村庄，一刹那间，农田、房屋、树木，所有的一切都淹没在这场浩劫中。一个十四岁的女孩被滚滚而来的泥石流困住，转眼泥石流就淹没到她的颈部，她只能露出头部和双手，痛苦地拼命挣扎。

很快，救援人员赶到了，可当他们看到小女孩的情势时，却是一筹莫展。小女孩已经遍体鳞伤，每一次的拉扯无疑都是对小女孩更大的伤害。此时，房屋早已倒塌，父母也永远离她而去，村庄里幸存者寥寥无几。

大家都很着急，前线记者把摄像机对准了她，不断地鼓励着。面对巨大的痛苦和惊吓，小女孩始终没有喊过一声"疼"，她紧咬着牙微笑着，不断地向救援人员挥手致谢，并且坚强地用两个手臂做出表示胜利的"V"字形。她坚信，救援人员一定会救她出去。可是，无论救援人员使用什么办法，泥石流始终固若金汤，小女孩坚持着挥手，依然面带微笑，可是无情的泥石流却在一点一点地吞没着她的身体。

直至生命的最后一刻，小女孩的脸上始终保持着美丽的微笑，没有一丝痛苦和失望。仿佛过了一个世纪，在场的人们才回过神来，却早已泪流满面，他们亲眼看见了这悲惨的一幕，内心如此悲伤。

但是，小女孩的微笑却永远留在了人们的心里，永恒而美丽。不管时间如何流逝，那抹生命边缘穿透灵魂的微笑，震撼着所有人的心灵。面对人生的苦难，一个年少如花的女子依然可以微笑着面对死亡，这是种多么淡然的心态，多么强大的力量。世间的女子或许一生都不可能经历那样的噩梦，但是，难免会遇到人生中的困境和绝境。无论面对什么，哪怕是生命的最后，哪怕厄运夺走你挚爱的一切，只要想到那个十四岁的女孩，想着她那个胜利的手势，你就会微笑着接纳一切美好或不美好的结局。

生活中，每一个人都有不快乐的理由：工作不顺心、爱情不顺意……很多烦恼与悲伤都会让我们痛苦不堪，但是，痛过之后，你会发现，不快乐又有何用呢？还不如微笑起来，积极地去面对。

　　女人从心底发出的微笑，力量是巨大的，微笑着的女人也是最美的！所以，无论什么时候，无论面对灾难还是幸运，嘴角始终保持着一抹淡淡的微笑。用平静的眼光去看待这个世界，用平常的心去感受万事万物，冷静地思考所遇到的问题。就这一抹微笑，让女人不但有了迷人的风采、美丽的心情，还有利身心，让你看起来更年轻。女人，无论生活把你带到哪儿，都要活出最好的姿态。要记得，嘴角上扬的样子，不只有回眸一笑百媚生的魅力，还有一份悦纳百味人生的豁达。

让语言充满幽默

> 幽默是你的魅力人格的重要组成部分，自信地表现出你的幽默感吧！
>
> ——卡耐基写给女人的幸福箴言

富有感情色彩的语言总会在不知不觉中引起人的共鸣，比如幽默。幽默不仅是一种优美、健康的品质，还是一种修养；不仅能化解自己的尴尬，还可以营造愉悦的氛围，给人们带来欢笑。而幽默的女人更有一种独特的气质，不仅会很快地使自己的烦恼烟消云散，还可以让别人的痛苦也随风淡去，给人一种如沐春风般的感觉。

玛丽·艾娜是一位非常著名的语言学教授，任教于纽约大学，她在学术上取得的成就，备受世界学者的肯定。不过，很多人记住她不仅因为她的学术成果，还有一件非常有趣的事情，让人们口耳相传。

玛丽·艾娜早年教学时，纽约教育局长要到学校来。为了迎接局长，学校方面希望玛丽教授能上台主讲一节公开课。于是，玛丽教授开始了精心的准备，她这次公开课上所讲的主要内容是"词语的感情色彩"。

两个小时的课非常精彩，但当课程快要结束的时候，却发生了一件非常尴尬的事情。她请一位学生用一个非常形象生动的词语来表达"自由女神的美丽"。可能是由于紧张的原因，这位学生站在自己的座位上面红耳赤，不知道该怎么回答。所有听课的师生都在为玛丽教授和那名学生担忧。

时间如同凝固一般，大家也跟着紧张起来，但是，玛丽教授却十分淡定，她面带微笑地看了一下那位学生，又看了一下在座的所有师生和领导，用非常从容的语气说："你的回答很好，我非常满意，请坐。"她肯定地望着那位学生，"你的答案是至今为止最让我满意的。我知道，你的意思是说，自由女神的美丽，是没有办法用语言来形容的。"

所有的师生和领导们在听了玛丽教授的解释后，热烈地鼓起掌来，偌大的阶梯教室掌声雷动，所有人在佩服玛丽教授机智的同时，也为她幽默化解尴尬所倾倒。

列宁说："幽默是一种优美的、健康的品质。"幽默的谈吐如一味调味剂，在很多场合都可以增强交际的生动性和亲切感，甚至很多国家都把是否有幽默感作为评价人格好坏的标准之一。一些伟大的人往往都具备幽默的个性，正是他们的幽默，在无数场合中彰显着他们独特的人格魅力。

有一次，白宫里举行钢琴演奏会，里根总统与第一夫人南希也一同参加。当里根总统正在台上为这场演奏会致辞的时候，南希夫人却因为没有坐稳，一不小心从椅子上跌了下来，滚到了台下的地毯上。这可把工作人员吓坏了，大家慌作一团，准备把她送进医院。但是南希并没有受伤。她非常镇定地爬了起来，捋捋头发，微笑着重新坐到了座位上。这时，台下爆发出一阵热烈的掌声，有的满含赞赏之情，为南希夫人的利落和镇定鼓掌；也有些人却是幸灾乐祸，为里根总统间接地出了洋相而鼓掌。

看到南希没有受伤，里根总统幽默地对南希说："亲爱的，我已经跟你说过许多次了，你不要轻易地做这样的表演。只有当我的演讲没有得到观众的掌声时，你才可以这样做。"

里根的话一说完，台下便响起了更加热烈的掌声。这一次，所有的人都为他的风趣和幽默深深折服。

有句谚语说："幽默是力量的亲兄弟。"适时的幽默能展示出一个人知识修养和内在力量。幽默的女人会更加淡定地看待问题，能克制自己的情绪波动，保持好自己的仪态。她们幽默的语言不仅带给周围人更多的快乐和欢笑，还能收获更多人的喜爱，甚至在一些尴尬场合，她们也能够通过幽默，充分展示出自身良好的素养。

有一位非常有名的女歌唱家在台上唱完了歌曲，向热情的观众盈盈施礼准备谢幕。可没走两步，却不小心被舞台上的麦克风电线绊倒在地，刚才光彩照人的形象眨眼消失，在众多双眼睛面前，要多狼狈有多狼狈。观众中响起了爆笑声和口哨声，一片哗然。

但是，这位女歌唱家并没有慌张，她慢慢地站起来，面带微笑地拿过话筒，说道："我被你们的热情倾倒了……"顿时，杂乱的声音被一阵阵热烈的掌声代替了。

无疑，女歌唱家是机智的，同时她又是幽默的。她用得体的自嘲，既挽回了自己的面子，又维护了自身的形象。在工作和生活中，一些特别害羞的女士一旦遇到尴尬的事情，往往慌乱得不知如何是好，要不匆匆溜掉，要不掩面痛哭。其实，当已经身处尴尬的境地时，最聪明的办法就是多一些调侃和自嘲来化解尴尬，这反而会让更多的人记住你的幽默。

或许，有些人认为幽默并没有多大的用处，它既不能让你马上脱离困境，也不能让你飞黄腾达。但是，懂得幽默的人却活得更加乐观，性情会更加豁达，你可以在众人的欢笑中更加看清你自己，从而拥有温暖的感情。用轻松的心情面对生活，用幽默和自嘲的方法化解问题，就可以使许多烦恼消失，避免产生更大的忧虑。你的快乐不仅能感染别人，你也可以承受更多的生活压力，这就是幽默的力量。你用轻松幽默的方式为他人营造了一个温暖的气氛，告诉他们，那些小事也可以让人们开心，因此，你也给别人留下了深刻的印象。

幽默和优雅的言行一样，能帮助我们在社交中应对自如。不管什么时候什么场合，幽默的人总是最吸引人的，它会让你魅力十足。如果在无意间说错了话或做错了事，尴尬之后不妨接受现实，平静下来的时候，讲个笑话或者说点俏皮话，这样就会让气氛轻松起来。比如，当你一时心急抱怨速度较慢的同伴，却发现气氛不对时，你可以说"速度快不一定是最好的。如果是这样，应该由兔子统治世界才对。"简简单单的一句话，就可以让同伴受伤的心得到宽慰，也会暗暗加快速度，这远比单纯的抱怨效果好多了。

很多女性在公开场合都表现得很端庄稳重，不太幽默，她们认为，女性应该在公共场合表现得认真、严肃和矜持。但是，你越是这样做，越显得你高高在上，别人往往不知道该如何与你沟通，只有与你保持距离。而男性则恰恰相反，他们总能运用幽默的话语和行为来缓和紧张的气氛，这样就会让别人觉得非常亲切，更容易亲近，别人也容易接受他的想法，这样交流就没有问题了。

因此，女人一定要懂得并善于运用幽默，这样你就会轻松地面对现实，收获更多的快乐。

善待自己，宽容他人

> 怀有一颗宽容的心，哪怕是坚硬的石头，都能为其所动，它体现的不仅仅是一种品格，更是一种睿智，一种坦荡，一种处世之道，是对生活所持的一种人生态度。
>
> ——卡耐基写给女人的幸福箴言

凡成大事者皆有包容他人的宽广胸怀。宽容是一种大胸怀，是一种品德修养，一种美德。宽容来源于勇敢、善良的心，它是溶解矛盾的一剂良药。拥有宽容之心的女人，具有一种深沉、厚重、从容的美。

的确，我们每一个人都不是圣人，很难去爱我们的仇敌。但是，我们可以更爱自己，为了我们快乐而健康的生活，我们可以去原谅他们。所谓宽容他人，就是善待自己。作为女人，宽容显得尤其重要，宽容是一种仁爱的光芒，既是对别人的释怀，自己也能从中体验豁达大度的快乐。当为别人推开一扇窗户，自己也看到了满园春色。

我曾经经历过一次考验我是否足够宽容的事情。几年前，我应邀去明尼苏达州进行一次重要的学术演讲，出发之前，秘书茉莉为我准备了行程所需要的所有东西，包括那天的演讲稿件。到达会场后，我是第一个演讲人，没有再做准备我便站到台上，拿出稿子开始读起来。刚读上没几句，下面的听众就爆笑起来，开始议论纷纷。

这时，我才意识到，天哪，我读的竟然是一份关于办公室管理制度的文件。我很快反应过来，应该是茉莉把文件搞错了，她把今天上午我们讨论的内部管理制度文件错当作今天的演讲稿了。茉莉犯了这么愚蠢的错误，导致我站在这里像小丑一样。当时，我怒气冲冲地想，回去一定要把她解雇，换一个认真负责的秘书。

因为站在讲台上，我还是很快让自己平静下来，我幽默地对大家说："女士们，先生们，我看刚才开场的时候大家还没把注意力都集中在我这里，所以开了个小玩笑，现在好了，你们都注意到我了，咱们开始进入正题。"在没有讲演稿的情况下，我把这场讲座完成了。

演讲非常成功，在回去的路上，我已经很平静了，我想到今天发生的事情，这件事完全是茉莉的错吗？她为我工作的这几年，一直把工作安排得井井有条，包括这次出行演讲，她也是事无巨细。工作上的差错每个人都会犯，我不能因为一次失误就否定一个人。再说，这次的事情我自己也有责任，演讲稿这么重要的资料，为什么不提前检查一下再开始讲呢？

回到办公室，茉莉还不知道自己犯了这个错误，像往常一样问我，这次演讲是否顺利？我微笑着说："演讲很成功，台下笑声不断呢。"茉莉说："那您讲得一定非常精彩。"我把演讲稿递给茉莉，告诉她："我今天演讲的题目是关于如何应对生活中的困难，结果我把办公室管理制度念给了大家，大家当然会有笑声。"

茉莉立刻知道自己犯下了怎样的错误，低声说："先生，对不起，是我太大意了，犯了这么严重的错误。"我安慰她说："没关系，今天演讲的题目正好是怎样应对生活中的困难，我现身说法，给大家做了个好榜样。而且今天的自由发挥，比平时拿稿子念的效果要好很多。"我对待茉莉的态度，让她很是感动，从那儿以后，她对待工作更加认真负责了。

不错，宽容是一种伟大的选择，以人心去打动人心，它看似软弱，却蕴含着以柔克刚的坚韧；看似退缩，却在无形中提升自己的人格魅力。心放宽了，眼界自然就宽了。学会宽容，就会消除冲突和矛盾，宽待别人，自己便会拥有友谊和幸福。

如果因为小事而对别人生气甚至怀恨在心，不但自己心里不好受，对方也能感受到你的敌意。伍德罗·威尔逊总统说："如果你握紧两个拳头来找我，我保证我的拳头会握得比你的更紧。如果我们能坐下来耐心沟通，就会相互理解。"不错，以怨报怨，除了收获怨恨，还会让自己的心禁锢在狭小的空间而不得快乐，这就是典型的"拿别人的错误来惩罚自己"。

开往费城的火车在中途时上来了一位女士，她走进车厢后挑了一个座位坐下。这时，走过来一位有点肥胖的男士，坐在了她对面的座位上。他坐下后，就开始抽起烟来。这位女士忍不住咳了几声，有些烦躁地盯着他。可是这位男士仿佛并没有注意到女士的反应。实在忍不住了，女士终于开口："难道你是外国人吗？你不知道车里有一个专门吸烟的车厢吗？这里是禁止吸烟的。"听了女士的话，男士一句话也没说，很顺从地掐灭了香烟。

过了一会儿，一名列车员过来，礼貌地请女士换个车厢坐，因为她坐的是格兰特将军的私人车厢。女士听完后惊讶极了，她又羞愧又有点尴尬。她站起来走向门口，不禁看了一眼坐在对面的格兰特将军，也就是抽烟的那位男士。他一动不动，脸上没有任何取笑她的表情，什么也没说，和刚才一样，依然表现得宽容而大度。

卡里尔曾说，许多伟人之所以伟大，受到人们的爱戴，很大原因是因为他们身上具有宽容和体谅他人的美德。不错，拥有宽容的美德会使她显得有涵养，使她魅力四射，令人无法忽视。

宽容是人类个性中最高的境界之一，它是指一种博大的胸怀和超然洒脱的心态。宽容，对别人不同的看法、思想、言论、行为以至宗教信仰、种族观念等都能理解和尊重，不轻易评论他人的言行"正确"或者"错误"。即使他们不同意别人的观点或做法，也会尊重别人的选择，给予别人自由思考和生存的权利，而不是横加干涉。当我们说某位女性非常有涵养时，通常包括了她具有豁达大度、胸怀宽阔等品质。

林肯年轻的时候，有一个时期非常热衷于批评他人，他不仅写文章嘲笑别人，还故意把文章扔到大街上让别人观看。这样的行径让许多人十分憎恶他。1842年，他撰文批评西华尔。西华尔十分愤怒，他要求林肯与他决斗，林肯不愿意但又不想失了颜面，于是决定应战。幸好双方助战的朋友在最后的生死关头阻止了这场决斗。经过这件事，林肯彻底醒悟，从此再也不过分批评和嘲笑他人了。

毫不留情地严厉批评或指责他人，哪怕批评得完全正确，也会让人心怀记恨。人是一种充满感情的动物，带有一定的偏见和虚荣，尖刻的批评会伤害他们心中浮夸的虚荣和自尊，有时还会让你惹上不必要的麻烦。这个道理，其实很多人都明白，但并不一定每个人都能学会原谅和宽容，只有拥有成熟人格的人才能如此。

如果我们的心中充满仇恨，其实胜利的反而是仇敌。因为仇恨让我们吃不好，睡不好，我们的健康和快乐都会为此受到影响。我们心中的恨意伤害的不是别人，正是自己的身体和精神，甚至落得个心胸狭窄的骂名。所以，上帝所说的"爱你的仇人"不仅是一种道德上的修养，更是在教我们如何才能快乐地生活。同时也告诉我们，宽容可以使女人更有魅力，这不仅仅是从内在散发出来的光芒，它还反应在你的容颜上。因此，充满宽容和爱，是最好的美容方式，这会更加增添你的魅力。

雨果说："宽容就像清凉的甘露，浇灌了干涸的心灵；宽容就像温暖的壁炉，温暖了冰冷麻木的心；宽容就像不熄的火把，点燃了冰山下将要熄灭的火种；宽容就像一只魔笛，把沉睡在黑暗中的人叫醒。"

作为女人，在今天的社会和男人一样承担起更多的责任，甚至比男人背负得还要多，在与人交往的过程中，一定要学会宽容待人。所以，女士们，你们要记得宽容他人，就是善待自己。

从心底发出光芒灿烂的气质

> 女人的魅力是从内而外散发出来的，这是一切美好和幸福的秘密所在。从心底发出光芒灿烂的气质，意味着一切心理功能的绝对健康。
>
> ——卡耐基写给女人的幸福箴言

对于再美的容颜，男人总有产生审美疲劳的一天。如果女人把所有的时间都花在自己容貌上借以取悦男人，那就如一朵没有香味的鲜花，而且花期非常短暂，只会让人短暂地停留一下脚步。女人的美与魅力是从内而外散发出来的，只有让自己从心底散发出光芒灿烂的气质，才能如久酿的醇香，越品越有味。

海因斯先生是华盛顿一名年轻的律师，而且在当地政治圈也非常活跃。在任何人的眼中，他都是一位非常有前途的律师。因为工作原因，他经常要参加各种社会活动，与各类人群打交道。可是，他的妻子却非常害怕参加这样的公开场合，因为她胆怯，不想和陌生人接触。她实在是太害羞了，可是有时候为了丈夫的工作，她又不得不参加。这让海因斯太太非常苦恼，她想，如何才能克服自己害羞的缺点，让自己变得大方一些，适应丈夫工作的需要呢？为此，她一筹莫展。

有一天，她翻开杂志，无意间看到了这样一段话：人类最感兴趣的其实是自己。所以，在谈话时，你可以把注意力尽量放在对方身上，认真去听，这样就可以专心地听别人倾诉自己的烦恼或得意。于是，她决定按照这个方法去试一试。虽然这个过程对她来说是个磨炼，但是，这个方法的确很有效果。

现在，海因斯太太经常参加各种社会活动，她的性格变了许多，再也不像当初那么怕羞。她还希望自己能够多认识一些新的朋友，并且有机会到他们家里做客。她说，她和新交的朋友们相处得非常愉快。在交谈中，她发现有不少人和她有一样的困扰。当她真正了解了之后，她更喜欢她的这些新朋友了。而且，最让她开心的是，她的社交活动也成为丈夫事业的助力。自从海因斯当上州议员以后，她就经常陪他出席各种场合。

作为一个妻子，具备社交能力是必要的，如果不具备这种能力，就一定要让自己努力适应。女人是男人的另一半，社交活动无论对自己的事业还是丈夫的事业来说，都会有所帮助。如果自己和别人相处愉快，就会认识更多的朋友，结交更多有可能会帮助你的人。而作为妻子，如果与别人相处愉快，无论丈夫在做什么工作，都可以帮助丈夫更快地走向成功。

如果你的丈夫只是从事着一些基础工作，你就认为不需要你的帮助的话，那就错了。不是每一个人一开始就是成功的，很多名人在成名之前，都是人海中默默无闻的一员。说不定，许多年后，你的丈夫也会从这茫茫人海中脱颖而出。那么，从现在开始准备吧！如果你像海因斯太太一样害羞，就努力克服自己的羞怯心理；如果你不聪明，那么至少学会尊敬和欣赏他人；如果你的知识面太过狭窄，那么就赶紧开始学习。总之，充实自己，提升自己的能力，不仅仅是为了帮助你丈夫做准备，其实最受益的人是你自己。不知不觉中，你的魅力就会渐渐展现出来。

我曾经采访过美国一家大公司的人力资源部经理，他骄傲地对我说："我是一个对工作非常上心的人，我几乎把所有的心思都放在了工作上，没有注意到别人的感受，这或许让很多人都对我有怨言。但是，我有一位好太太，她总是对我很好，从不会因为我太忙而借口不理我。所有和我太太打交道的人，都很欣赏我太太。最重要的是，我的妻子是一个充满爱心的女人，待人也非常和气，所有的人都喜欢她。她总是无微不至地关心别人，但又不会唠叨而让人心烦。我太太会很多种语言，因为我们的邻居来自各个国家、各个地方。可是那些人向来都不理我，因为我太太不怕麻烦，跟他们学会了他们的语言，而不是我。当我们走到希腊人的商店时，她就和店主说希腊语，走到意大利人的水果摊时，她又会说意大利语。在别人赞扬声中，我太太反而谦虚地认为，她从这些事情中学会了很多。"

经理脸上满是骄傲与陶醉，我听了也非常羡慕，真的很想认识这位太太，有谁不想认识呢？这样的女人，仅凭她丈夫的描述就充满了吸引力，可见她的魅力之大。男人刚强有时反而会让人际关系变得并不和谐，如果太太温柔善良，这样无论在哪里，太太都是丈夫的亲善大使，可以使周围的气氛变得和谐而融洽。作为男人来说，有这样的妻子，那就非常幸运了。

从某个角度来说，女人身上所担负的，其实比男人还多。女人不仅仅是供男人欣赏的花瓶，还要有丰富的内心。花瓶再好看，也终究是用来把玩的，如果看到更好看的花瓶，就会转移注意力。但如果花瓶里放着更让人珍惜与欣赏的东西，那这样的花瓶，就值得珍惜了。一个好女人身上可以放太多的词语来形容：心胸宽广、有爱心、关心他人、温柔善良……要全部做到实在是不容易。但只要多加练习，是可以轻松学会的。拥有任何一种美德，它都会反哺于你，不仅让更多的人为你身上所散发的气质和魅力所折服，也会为你丈夫未来的路打下良好的社会基础。

第二章
内修外养：优雅是女人最美的外衣

得体的谈吐、优雅的肢体语言，一直被视为是身份、气质的象征。你的站姿、坐姿，你进门的仪态，甚至是告别的姿势，都已经在告诉人们你是谁，你有着怎样的底蕴。

优雅的体态决定你的气质

> 优雅也许是一种对生活的自信，一种积极乐观的满足，一种从容镇定的安详，一种谦逊善良的美德。
>
> ——卡耐基写给女人的幸福箴言

　　女人的优雅在一举手一投足之间，这种优雅并不是刻意为之，它与年龄无关，反而会随着时间的沉淀，绽放出从容、淡定、宽容、善良、贤淑的姿态，这都是构成女人优雅的基本元素，再加上得体的衣着，文雅的举止与谈吐，这一切内外兼修，使女性的优雅气质更加迷人。

　　一个体态与气质优雅的女人，无论在生活还是事业上，都会更加容易成功。埃及艳后克里欧佩特拉就是一个依靠她的魅力而名震于世的优雅女人。

　　人们心中的埃及艳后一定是漂亮绝伦的，但考古发现的事实却是，埃及艳后并不十分漂亮，甚至可以说面貌十分普通，可是，她的魅力却让罗马的两个英雄——恺撒和安东尼倾倒，这正是源于她的优雅。

　　传说，当初恺撒见到一个身背毯子的人，对他说："先生，您肯定从来没见过我这货物。"背包被小心翼翼地放在地上，轻轻打开，从那堆挂毯中，缓步而出的是艳丽超群的埃及公主。她红发披肩，笑意盈盈，体态柔软，举止活泼。面对这个优雅芳香的公主，恺撒的心被彻底征服了。十八岁的埃及公主，嫁给了年近半百的恺撒，成为埃及艳后。后来恺撒兵败，她又用特别的方式征服了罗马的另一个统帅——安东尼。

尼罗河上，风光秀美，一艘装饰华美的画舫上，倚着一位绝代佳人，她就是埃及艳后。拂面的清风使她的脸庞更加绯红，画舫上散发出一股奇妙扑鼻的芳香，让骁勇善战、叱咤风云的安东尼怦然心动。

安东尼派人去请她下船相见，没想到，她反而传话让他到自己的船上来。这对习惯于征服他人的安东尼无疑是一种公开的挑战，安东尼感到惊奇，他不由自主地上了船，来到这位典雅娴静、优雅迷人的女王身边。

埃及艳后以她的优雅俘获了世人的眼球，或许她并不漂亮，但她却是美丽的。漂亮是一种天生丽质，它有时间的限制。而美丽却是一种心态，心灵纯净、身体健康、气质高雅、谈吐不俗，都是优雅的元素。优雅是后天不断修炼而来，只有不断努力提升自己，在生活中尽显女性的温柔与美好，才会从一颦一笑中，透露出迷人的优雅。

同时，优雅的女人还应该像一口井，内涵丰富，并不是男人看一眼就能一目了然，这样才给男人留下无穷的想象空间。肤浅的女人即使打扮得花枝招展，表现得温柔可爱，可是一眼就让人看穿，那是没有优雅可言的。优雅会随着年龄的增长而更迷人，如醇香的酒，时间越长，越散发出浓郁的香。

　　一位女作家旅居巴黎的时候，认识了五十多岁的法国女邻居弗朗西斯科·奥吉尔。这位法国女人的一生非常坎坷，她经历过一段失败的婚姻，又失业下岗。可即使生活如此，她始终身穿优雅得体的衣服，配以适宜的妆容。漫步在街道上，她经常随着脑海中的旋律，跳起优美的华尔兹，不时地朝过往的行人微微一笑。尽管她的衣服样式已经陈旧，但举手投足间的那份优雅，却足以让过往的行人为之动容。每次，女作家都会主动地站到马路的另一边，生怕打扰了她美丽的舞步。

一次偶然的闲聊，弗朗西斯科·奥吉尔微笑着对女作家说："我们的生活节奏越来越快速、紧张，已经不再允许有优雅的空间了。为了工作，为了赶时间，很多女人只能挤公车或地铁，大口大口地啃着手里的汉堡而顾不上自己的形象是否优雅。但是，我不会，我宁愿坐在桌前，举止优雅地一小片一小片地撕好面包，再从容地放进嘴里。以前我的祖母经常告诉我：'无论什么时候都不要忽视你自己，在任何一个细微的地方都不容懈怠。'"

漂亮的女人不可以有皱纹，但优雅的女人不同，即使她的脸上布满皱纹，但她依然美丽，而且是那种内外兼具的美。因此，优雅与年龄无关，魅力与年龄无关，从容而优雅地老去，这是一份值得期待的姿态。当然，优雅并不是某类女人的专利，只要愿意，每个女人都可以拥有。

当然，做优雅的女人不仅要有健康的身体，还必须要有健康的心理，保持一种宽容、平和的心态，这是女人优雅的基础。不仅如此，她还要保持足够的亲和力，能永远保持着微笑。

那么，什么样的女人才是优雅的女人？

首先必须要善良而大度。只有内心存有善良，眼底才会闪现出温柔、清澈的光芒，表情才会柔和。因为大度、宽容，就不会因为鸡毛蒜皮的小事烦恼计较而生出刻薄的皱纹。

她要有学识，有才华，这样才会有不俗的谈吐，才会变得更加智慧、聪明；要有品味，懂得穿着打扮，懂得色彩搭配，懂得心灵与外形的协调。

她还要有温柔沉静、善解人意的个性，内心平和，淡定地看待生活的磨难。只有内心平和的女人，在面对各种变故时，才能沉着以待，以从容镇定来影响身边的人。

优雅的女人无论在什么场合都得注意保持自己优雅的形象，尤其要注意在家庭中保持优雅。成了家的女人，每天都有做不完的家务，总是里里外外地收拾房间、打扫卫生、洗衣煮饭，所以，在家庭这种环境中，女人应该特别注重自己的形象，要体贴家人，要有时间打扮自己、体贴自己，不做潦草的女人。

优雅的女人一定要有自己的事业。人们常说"经济基础决定上层建筑"。有一定的经济基础，才能支持她的品味。

上面仅仅是优雅女人的部分要求，要做一个优雅的女人，其实并不难，就从身边的小事做起，依靠后天的修炼达到优雅的境界。但这绝对不是一个短期的过程，优雅是一种恒久的时尚，它是一种文化和素养的积累，是修养和知识的沉淀，是模仿不来，着急不得的事情。

读书可以让你更智慧

> 眼睛可以不漂亮，但眼神可以美丽；身材可以不完美，但仪态可以端庄。读书就是最简单的美容之法，持之以恒，你的身上就会散发出优雅而美丽的光芒。
>
> ——卡耐基写给女人的幸福箴言

女人可以不漂亮，一定要有智慧，一个智慧的女人一定是美丽的，而且智慧也能使美丽更有内涵。人的追求并不完全来自外貌，它主要来自人的内心。拥有漂亮的容貌自然值得庆幸，但毕竟这世上大多数人都是相貌平平，仅有漂亮的外表并不代表有魅力和有气质。那些相貌平平甚至有些丑陋的女人所表现的内在的品德修养，反而散发着气质与智慧的魅力。

女性的智慧之美所带来的影响和魅力，更甚于容颜，因为心智不会衰老，能使智慧永驻。而这些智慧的女人，往往拥有善于学习，爱好读书的习惯，她们懂得开发自身的潜能，从而使自己光芒四射。

罗曼·罗兰曾经说过："和书籍生活在一起，永远不会叹息。"要做一个有主见、有内涵、充满浓郁女人味的智慧女性，读书是必不可少的。林肯也说过，一个人40岁之前的容貌是由父母决定的，40岁之后的容貌由自己决定。每一个人的成长过程，其实是一个不断修炼自身的过程，所谓"境由心造，相由心生"，在这个不断修炼的过程中，容貌会渐渐发生改变。书香的浸润会使女人更智慧，更优雅，这就叫作"心灵美容"。而智慧、优雅的女人无疑是自信的，这样的女人会更美丽。世界有十分美丽，但如果没有女人，将失掉七分色彩；女人有十分美丽，但如果远离书籍，将失掉七分内蕴。书就像一把钥匙，可以开阔眼界，净化心灵，充实头脑，它让女人变得更聪慧，更坚韧，更成熟，更有气质。

　　艾瑞莎在纽约一家大型公司做公关，她长的并不算特别漂亮，但是在人群中，却总是那么吸引人的眼球。她是那样的与众不同，一种温婉而独特的气质。在她精干的外表下，有着一颗丰富的内心。她随身携带的，除了化妆品，就是书。她喜欢读各种各样的书，特别是叔本华的哲学。很多人不理解，这样靓丽时尚的女孩，为什么喜欢看那么枯燥无味的哲学书，而且还随身携带？看看时装杂志不是更适合她吗？

　　面对质疑和揣测，她淡淡一笑，说："时尚杂志我也会看，每期都会买。不过，那仅仅教会我如何穿衣打扮，而哲学教会我如何装扮自己的心灵，懂得生活的意义。"

不错，读书人与不读书的人就是不一样，这从气质上便可看出。不读书的人，不可能有什么鉴别力。读一本好书，更是让灵魂上升一个层次，从而显现出区别于其他人的独特气质。读书对人有潜移默化的感染力，这种气质与智慧就是在这种影响下培养而成。对于那些外貌普通的人来说，读书可以增长智慧，提升自信，可以使他们重获新生。

　　我的朋友曾经抱怨说，被迫阅读和学院那些闷死人的教授，使他对经典名著丧失了阅读的兴趣。我从来没有这样的烦恼，我一直喜欢阅读，忙得踢足球的时间都没有。在我成长的日子里，阅读经典名著给了我应有的回报，使我的心灵得到了洗涤和满足。因此，我觉得读名著可以使人们心灵成熟，进行自我完善，使人生充满幸福与快乐。

赫伯特·莫里森是英国工党著名的领导人。他15岁的时候，曾经在伦敦的一家杂货店做小工。一天，他去街头的一位算命先生那里算命，算命的问他都读什么书，莫里林说："基本是凶杀和言情小说。"

算命的对他说："读书总比不读强。不过，你可真是天才啊，你不应该把时间浪费在这种书上。你可以读一点历史、人物传记类的书籍，你要读你喜欢读的书，培养读严肃书籍的习惯。"这是莫里森听到的最美的忠告，这条忠告也成了他人生的转折点。他忽然间好像明白了一个道理，尽管他小学毕业后再也没有上过学，可是他还可以继续读书，进行自我教育。从此，15岁的赫伯特·莫里森开始了他的读书生涯，读了许多有意义的书，好书塑造了他的灵魂和心灵，长大后，他终于进入了众议院。

所有的女人都希望华丽的衣服，但再华丽的衣服，总有穿旧的一天。而只有智慧，才是穿不破的衣裳。这种智慧，正是来自于书籍，"智慧之美"的魅力，是拥有独立自主的意识和自尊自爱的情感状态。智慧而知性的女子，敢于淡定地接受来自各方面的挑战，更有风度。她们无论待人处事，总能迅速地采用最恰当的行为方式，稳重有序，落落大方。所以，这样的女人最具魅力，她们聪明而慧黠，人情练达，在不经意间流露着柔美和知性的魅力。

其实无论是男人还是女人，读书，特别是读好书，都可以收获很多。读书不仅是为了汲取知识，更是为了提高心性，口味生活百态。有智慧的女子，肯定不会错过那些富有哲理、思想和深度的好书，这会让她们的心灵和生活都会变得充实，从而淡泊世俗的纷争与虚荣，平静地行走在人间。

不同的女人会有不同的品味，不同的选择能得到不同的效果。但无论怎样，读书都可以提高她们的人生境界，使她们的生活更加充实。这样的女人，本身就是一本耐人寻味的好书。

高尔基说："学问改变气质。"看来，读书是气质、精神永葆青春的源泉。读书又是不分年龄界限的，年年岁岁都是女人读书的芳龄，读书对于女人来说，永远是一份不过时的美丽。

管住自己的舌头

语言有着神奇的魔力，看起来一件微不足道的小事，既可以让你成为一个受人欢迎的优雅女人，也可以给人留下市井泼妇的印象。语言有时候就是人的名片，优雅的语言是与人共处的金钥匙。女人如果能管住自己的舌头，不仅能省掉许多麻烦，还能收获更多的美好。

我朋友的儿子大卫父母离婚后，跟着母亲一起生活。由于经济原因，母子二人搬到了另一个城市。离开了熟悉的学校和朋友，面对一张张陌生的面孔，大卫伤心极了。他开始反感那些家庭和睦的同学，而且经常会为一些很小的事情无缘无故地跟人打架。他无法发泄心中的痛苦，用这种方式来宣泄，这种生活让他养成了对人过分苛求的习惯，他几乎对任何人都没有一句好话。

一天，一个对大卫情况非常了解的同学走到他身边，对他轻声地说："我知道你心里很难受，我父母也离婚了。不过，你不能把你的怨气和痛苦带来，再施加给其他的同学。你这样跟别人过不去，受伤的其实是你自己。如果你没办法说点好话，那最好你什么都别说。"

长时间积累的痛苦不是这样一两句建议可以改变的。但很快，大卫发现情况变得越来越糟，于是，他开始对自己的谈吐变得较为谨慎了。他学着把马上要冲出口的话咽回去，并渐渐养成了习惯。以前，他总是口无遮拦地用更恶毒的话来伤害人、挖苦人，现在，他开始意识到自己对身边的同学是多么不关心，对他们造成了多大的伤害。随着一步步理解，大卫开始明白，其实同学中像他一样遭受家庭变故的同学很多，他们也消极、愤恨。大卫开始想办法去安慰他们，帮助他们。学期结束，大卫的态度发生了巨大的转变，并且获得了当初那些疏离他的同学的好感。

每一个人都承受着来自家庭、学校或工作方面的压力，当遇到困难或事情进展不顺时，我们往往会责怪别人，甚至对别人十分挑剔，用一些破坏性的语言来攻击别人。可这样的后果，往往是让我们身边的人越来越远，除了给周围的人带来不必要的痛苦以外，往往还会使问题更加复杂。

有句久经时间考验的名言："你如果没有好话可说，那就什么也别说。"每一个人都有不顺心的事情，但一定要能控制自己的脾气和舌头，以免伤害别人的同时，让自己更加痛苦。不愉快的事情总有一天会过去，可如果舌头闯了祸，留下的伤疤却要很多时间来医治。

特别是女人，女人喜欢说话，这是天生的乐趣。三个女人一台戏，比着说话，把说话当成了发泄，高兴了要说，不高兴也要说，有好事了要说，有坏事了还是要说。对不少女人来说，如果不让她讲话，那真是一件痛苦的事情。有人曾经夸张形容，如果你想传播一件事，告诉一个女人比告诉记者传播的速度还快。有个笑话说："一个女人相当于五百只鸭子。"这可以充分看出，一个絮叨、无聊而俗不可耐的女人，是多么惹人厌烦。祸从口出，病从口入，有时候，仅仅是一句无心的话，也会引来口舌之争，造成不必要的麻烦。

人们经常把那些爱传播小道消息、说闲话、搬弄是非的女人称为长舌妇。无原则地乱说，甚至恶意的中伤，不但给当事人带来了极大的伤害，传播者也会受到别人和自己良心上的谴责，甚至也给自己的人际交往带来种种困惑和障碍。是呀，谁愿意与这样的女人交往呢？即使她再漂亮。正是那三寸之舌，给人世间平添了许多痛苦和烦恼。

我非常欣赏那些不轻浮、不庸俗，举手投足之前体现有内涵、有魅力的优雅女子，她们在访谈之中总透露出一种尊贵与优雅，与自己无关的从不飞短流长。

无论是在家里还是单位，都要学会管好自己的舌头。人生不会因为几句牢骚就改变本来面目。婚姻中的女人尤其要懂得管好自己的舌头，在适当的时候闭嘴。很多婚姻都是因为丈夫实在忍受不了妻子的抱怨和唠叨而最后破裂的。

史密斯一家公司的高管，他曾经在家里和妻子闲谈时，表示自己对公司一个员工有些不满。本来是夫妻二人的秘密话语，可是没几天，公司里所有员工都知道了，传得沸沸扬扬。史密斯非常尴尬，他后悔地说："我早就应该明白，让一个女人保守秘密，是一件多么困难的事！"

这样的事情，只发生一次，相信丈夫就肯定不会和妻子谈论自己心中真实的想法。无法守住丈夫秘密的女人，正在亲手破坏丈夫对自己的信任，甚至会因为失去信任而撞上婚姻的暗礁。

古希腊伟大的哲学家苏格拉底的妻子是一个脾气暴躁、经常抱怨的女人，面对这样的妻子，苏格拉底宁愿躲在雅典的树下思考哲理；拿破仑的妻子虽然贵为皇后，可拿破仑为了避开她的唠叨，经常在夜晚和一位美丽安静的女士约会。再高贵的女人都有可能因为无法管住自己的舌头而摧残了自己娇嫩的爱情之花，因为对丈夫无谓的抱怨和唠叨，伤害的不仅仅是男人的自尊与自信，还有对婚姻的忠诚。

婚姻中到处都潜伏着战争的因素，如果一方在另一方激动的时候保持冷静的沉默，是宽容而自信的表现。不该说话的时候闭上嘴，其实是一种美德。

其实很多时候、很多场合，那些口无遮拦、口沫横飞的人，本身就遭人讨厌。所以，风流不在谈锋胜，袖手无言味最长。所以，无论在哪种场合，都要记得慎言，闲谈莫论他非。慎言可以少一些隐患。说话要用脑子，如果说出来的后果可能让人担心和压抑，那还不如不说。无论在什么时候，都牢记一个原则，不要传播一些伤害别人的话。即使不能阻止别人说，听过也就算了，不能自己再去对别人说，因为舌头，是世界上最毒的。

管住自己的舌头，做一个优雅的女人！有句话说得好：当你的一个手指指向别人的同时，也有三个手指指向了自己。女人无论在闲谈还是日常生活中，说话都要讲究分寸与礼节，让那三寸之舌，成为你优雅的凭证！

如果爱，请先自爱

> 在这个世界上有很多东西值得我们去追求。但是，当你奔走在追求的路上时，千万不要和自己过不去，保持自尊与自爱，好好爱自己。
>
> ——卡耐基写给女人的幸福箴言

每一个人都渴望得到别人的尊重和爱，因为这样的人生才更有意义，更快乐。但是，很多女士在追求这种尊重和爱的时候，往往忽略了一个非常重要的前提，那就是先自尊自爱。

懂得自尊自爱的女人会得到男人的尊重。一个懂得自尊的人，就会有她自己做事的原则，她的自尊不会损害他人的利益，亦会格外珍惜自己的人格；一个自尊的人，知道何时进退，懂得怎么对待自己的缺点与不足，同时也不会有半点虚荣心。自尊的人懂得自爱，往往把关心自己作为头等大事。这并不是自私，一个连自己都不爱的人，又怎么会奢望她去爱别人呢？

以前我生活在密苏里州的时候，我们镇上有个叫作"疯丫头"的女孩非常有名，她的真实名字叫卡拉，非常漂亮。当时，卡拉还不到二十岁，在一所中学念书。别人都说，卡拉个性豪爽，不拘小节。

当时有人这么说过卡拉："这个小镇上出过很多优秀的男孩。但是，如果你没有和卡拉交往过，没有做过她的男朋友，那你在这个镇上永远都称不上优秀。"可想而知，卡拉的男朋友的数量肯定不少，而且个个都很出色。

可是在卡拉眼中，恋爱不过是场游戏，她从来没有真正去认真对待过爱情。和男朋友交往不会超过三个月，只要她感到厌烦，她就会马上寻找一个新的目标。卡拉以这样玩世不恭的态度，度过了她的青春岁月。

很快，卡拉到了适宜结婚的年龄。可是让她没有想到的是，居然没有一个人愿意真心娶她，即使那些对她一直不死心的人也不愿意。他们告诉她，她只适合做他们的情人，而不适合当妻子。一个不懂得自爱的女人，谁会愿意把她娶回家里呢？他们当初之所以疯狂地追求她，不过是想寻找一下新鲜和刺激，他们可从来没有考虑过和她结婚。

卡拉突然觉得自己曾经所做的一切是多么好笑。可这一切，又怪谁呢？是她自己不懂得爱自己，一个不懂得自尊与自爱的女人，凭什么得到其他男人的爱？只不过沦为男人的玩偶而已。所以，在现实生活里，女人必须要懂得自尊自爱，只有懂得自尊自爱的女人才能得到别人的尊重和爱，才能在生活中树立起自信。也只有懂得自尊自爱，才能真正珍惜自己的生命和人格。

"人的一生可以说共诞生过两次：第一次是生命的诞生，第二次是为生活而诞生。正是因为如此，所以人的自尊自爱也就发生两次：第一次是相对于自然生命的自尊自爱，第二次则是相对于人的社会生命。如果人的生命中连第一次自尊自爱都没有发生的话，那么也就不会发生第二次自尊自爱了。"卢梭的话告诉我们一个深刻的道理，自尊自爱，对一个人何其重要。

维护自己的人格尊严，是女人爱自己最基本的表现。爱惜自己，维护自尊，即使生活是一个大染缸，面对周围众多的诱惑，也能抵挡。对自己好一点，多爱一点，从而将生活变得更美好，既不会面对一点点伤害就自暴自弃，也不会因为别人的不爱而放弃对自己的爱。只有懂得自爱的女人，才会有能力去爱别人。

一天，伊芙突然对卡琳娜说："我感觉现在的生活已经不属于我了。"这句话像一根刺一般，直戳进卡琳娜的心，让她觉得疼痛万分。从一向雷厉风行的女子口中说出如此消沉的话，实在让人意外。但伊芙的心情，卡琳娜却能深深体会到。

卡琳娜和伊芙是公司的项目负责人。她们每天把所有的时间都用在了工作上，忙得不知道什么时候吃饭。从每天睁开眼的那一刻开始，就有一大堆事情等着她们去处理。前几天卡琳娜刚做完一个大项目，得到总裁的表扬，可她一点也高兴不起来，因为，她付出了太多。

许多次，卡琳娜都曾陷入绝望。她看到公司年轻的女孩每天把自己打扮得漂漂亮亮，下班后不是去约会，就是找朋友购物。可是自己呢，生活里似乎除了工作，再没有其他时间了，没时间聚会，没时间看书，没时间旅行，没时间玩乐，没时间睡觉，没时间陪家人，也没时间照顾自己的身心。除了银行卡里的奖金和提成，以及衣柜里越来越多的深色职业套装，她似乎什么也没得到。

为了得到总裁的信任、同事的认同、客户的满意，她变得越来越强势，并且把这种职场作风带回了家。跟丈夫相处，也是说一不二，否则就会发脾气。丈夫说她变了，其实，她自己也知道，她的内心，是那样的软弱无助。

卡琳娜感觉从来没有这样累过。她想不明白，为什么这么累，却还在坚持着。难道人生除了工作，再也没有其他东西了吗？伊芙的毅然辞职，使卡琳娜一下子醒悟过来，她决定请长假。

从焦头烂额的忙碌中，她只身去了希腊，没有爱人的陪同，没有带孩子，独自一个人静静地享受风景和生活。她突然发现，自己从来没有好好疼爱过自己，甚至连哭泣也被压抑着。她决定，从此以后，她一定要好好疼爱自己。

像伊芙和卡琳娜这样的职场女精英心灵疲倦的很多，她们在别人面前一副女强人的样子，可只有她们自己内心明白，她们更愿意对自己好一点，多爱自己一点。试想一下，如果她们一直疲倦地生活与工作，连自己都不懂得爱，又怎么能爱自己身边的亲人和朋友呢？

一场成人礼上，一位单身妈妈在给自己十八岁女儿的礼物中，有这样的忠告："也许你现在还不明白，但总有一天，你会明白青春是女人最宝贵、最短暂的财富。我希望你对自己好一点，多享受年轻的日子，不要反对自己，不要怨恨自己。不管什么时候，无论走到哪儿，不管有没有人爱，你都要记得爱自己。"

弗朗索瓦丝·萨冈曾说："总是有这样一段年纪，一个女人必须漂亮才能被爱；也总是会有这样一段时间，她得被人爱了才更美丽。"是的，只有真正懂得精心爱自己的女人，才不会畏惧岁月的无情，才会在岁月中慢慢沉淀生活芬芳。

自尊、自爱，让自己生命之花开得更美。自爱除了对自己的尊重，除了行为与品性，还有真真实实的对自己的爱。累了，就停下来好好歇歇；痛了，就蹲下来抱抱自己。你若不爱自己，没有人会更爱你。

掌握尽量多的肢体语言

> 肢体语言并不像默片时代那样能表达全部，无论如何，不要忘了语言本身的价值。只有将二者做到一致、协调，才能更好地展示出你的风采。
>
> ——卡耐基写给女人的幸福箴言

一个人的言谈举止，代表着情绪的变化，一个眼神，一个微笑，一举手，一投足都有特别的意义。掌握尽量多的肢体语言，并恰当地运用它们，既可以体现一个人的气质，又能在人际交往中起到更好地沟通作用。

眼睛是心灵的窗户，是人们内心世界最直接也最真实的反映。一个人的喜、怒、哀、乐，都是由眼睛向对方传达，或许你一句话都不说，但会说话的眼睛所传达出来的感情，往往比声音、语言要直接得多。在彼此的交流中，眨眼、目光持续的时间以及其他许多细小的变化和动作，都能传达出丰富的内心情感，让人更多更快地接收到信息。

法国前总统戴高乐做公开演说或电视讲话时，从不戴墨镜，因为他很注重通过眼睛来交流感情；无产阶级革命导师马克思、恩格斯也都是善于运用身体语言的典范。

眼神到底是如何传递自己的情感的？与人交流时，眼睛正视对方，是尊重对方的体现；斜视对方，则是瞧不起别人的体现；如果目光多看对方几次，表示对对方所说的话很重视或者心存好感；眨眼次数频繁，表示说话者此时内心的开心、喜悦的；但如果频繁而急促地眨眼，则有可能说明他心存内疚，正在撒谎……生活中，我们很多人都有不敢直视对方的经历，特别是许多女士。其实这并不代表我们对对方不够尊重，而是因为害羞，或者有难言之处。

所以，在日常的交流中，我们一定要根据谈话的对象、内容、场合、气氛等，恰当地运用眼神，这样才能达到良好的谈话效果。

肢体语言沟通方面的专家说，面试或常被人们提到的非语言交流，基本上指的是我们的肢体语言。肢体语言伴随着我们说话的同时产生，它来自于面部表情、眼神接触、手势、身体的姿势和态度等。

有些普通的肢体语言，比你说很多的话都还有效。因此，恰当地运用手势、坐姿等许多肢体语言，都可以提升你的形象，达到更好的沟通与交流作用。

这是一个非常严肃的面试场合，苏珊正在紧张地做着准备，她对这个工作向往已久。这个面试会综合考察一个人的人际关系处理能力、沟通技巧、职业素养，最重要的是客服方面的能力。在苏珊面试之前，有一个漂亮的姑娘非常机智，反应敏捷，虽然语言不多，但言简意赅，表现不错，这给了苏珊不小的压力。但是，她的身体语言却一点都没有为她加分，她与面试考官握手时只用指尖轻轻一握，而且和面试官们基本没有眼神交流。许多细节之处，流露出一种傲慢的感觉，感觉这次面试志在必得，把握十分大。相比之下，苏珊在面试时身体语言就很适度而且丰富，她表现得非常谦虚，苏珊用掌心相触的握手方式，力度也比较适中，这一点就已经比她的竞争对手更得人心，让她在面试官的印象中占了优势。

苏珊在面试时，对于握手的掌握恰到好处。

一般情况下，握手的时候手掌与手掌是要相互接触的，这种手掌相触的握手方式，让人觉得诚恳且心胸开阔，会让人觉得，和这样的人打交道很放心，没有威胁。如果只是轻触指尖，表示出自己内心的傲慢；如果用力过猛，则体现内心缺乏安全感，想用这样的方式得到一些安慰；手心向下握手，体现了内心的统治欲望，容易让人产生一种疏离的感觉。

交谈中双方的眼神交流、互相握手、互递物件等一些肢体语言都表达了特定的含义，有的成为谈话的一部分，成为加强语言力量、丰富语言色调的重要因素；有的则代替了语言，独立起着交流作用。有时候，这些肢体语言远远比你的喋喋不休效果要好很多。因此，我们在日常的生活和交流中，一定要加强自身的修养，努力做到肢体动作优雅、适当贴切，才能充分发挥肢体语言传情达意的功用，增强沟通的效果。

除此之外，身体姿态也能体现一个人的精神状况和内心情感。步伐轻松敏捷的人，往往给人一种年轻、健康、精神焕发的感觉；步伐稳健的人，能给人以庄重、沉着和自信的印象；弯腰弓背、垂首无神的人，给人以无知浅薄、精神压抑的印象……因此，体态姿势能衡量一个人的雅俗。如果女士们具有优雅且礼节性的体态姿势，不仅能增添个人的气质与魅力，也能反映出具有良好的素养。

生活中我们常可以看见一些失礼、不雅的动作与姿态，比如习惯性地抖腿，或是将两手夹在大腿中间或垫在大腿下等，这些不雅的表现，会给人留下缺乏教养、低俗轻浮的不良印象。

因此我们常说，"站有站相，坐有坐相"是有一定道理的。一个再漂亮的人，也会因为不雅的身体姿态而失了分。英国哲学家培根认为，相貌的美高于色泽的美，而秀雅合适的动作的美，又高于相貌的美，这是美的精华。

作为女士来说，无论在什么场合，最好能表现得秀雅合适，端庄稳重，自然得体，优美大方。女子如果站姿端庄大方，就会给人亲切有礼，亭亭玉立的感觉。社交场合中，女子的步履应轻捷、蕴蓄、娴雅、飘逸，步伐略小，展示出温柔、娇巧的阴柔之美。但是，无论什么样的肢体语言，都要求是自然得体的，要适合自己的身份和交际场合，这样才能既符合审美原则，给人以美感，又符合当时当地的特殊境况。

除此之外，微笑是肢体语言中最具神奇力量的。

英国诗人雪莱曾经说："微笑是仁爱的象征、快乐的源泉、亲近别人的媒介。有了微笑，人类的感情就沟通了。"泰戈尔也说过： 人微笑时，全世界会爱上他。微笑就好像是润滑剂，说话的人通过微笑，达到情感沟通、融洽气氛、缓解矛盾的目的。微笑的女人更有亲和力，谁都愿意和面带微笑的女人打交道。嘴角随时挂着一抹微笑，会给人如沐春风的感觉，使人际关系更加和谐。

但是，无论使用什么样的肢体语言，都要求与有声语言和谐统一，这样才能准确地表达出你的思想感情和愿望，否则，就不能达到理想的效果。

端庄优雅，让你更加性感

> 我们虽然做不到毫无怨言，但至少应该少一些无谓的抱怨与愤怒，多一些积极的心态和行动，这样的生活才能够过得惬意一些，舒心一些。
>
> ——卡耐基写给女人的幸福箴言

这个世界很忙碌，有生活的焦虑、工作的压力、家庭的担忧，这些问题常常使女人感到苦恼。因此我们身边，总有这样的一些女士：她们脾气暴躁，爱抱怨，有时为了一点小事就会大发脾气，甚至有时只要稍不如她之意，就会愤怒不已。女人脾气火暴很容易丧失理智，说话做事也毫不顾忌，不仅丧失了优雅与得体的形象，还会使人际关系受到影响。试想，谁愿意与一个经常发脾气又爱抱怨的女人在一起呢？

不错，我知道发脾气是为了发泄心中的不满与委屈，可是，这样就能解决问题吗？女士们，你的这种做法，换来的不仅不是公平与合理，而是别人的反感、厌恶甚至反抗。

端庄不仅要求女人的体态，更在于内心。端庄的女人总会给人一种优雅的感觉，不急不躁，体现出优雅的性感。

我的朋友蒂娜小姐在这方面的做法，可以让女士们好好学学。

蒂娜住在纽约市中心的一家公寓里。有一段时间，她的经济状况出了点问题，可恨的是，房东在这时候竟然要求提高租金。蒂娜当时非常气愤，觉得房东的行为太不近人情。但认真思量过后，蒂娜决定用另一种方法来解决这个问题，于是，她给房东写了一封信。

亲爱的房东先生：

　　我理解您增加租金的做法，的确，现在房地产的行情十分紧张。我们的合约马上要到期了，时间一到，我必须得立刻搬出去，现在房租已经够我负荷了，如果您再涨了租金，那对我这样的工薪族来说，真的有些难以接受了。说实话，我真不愿意搬，现在像您这样的房东真的很难遇到。如果您不涨租金，我很乐意继续在这里住下去，虽然我知道这是不可能的事情。

当房东看过信后，立即找到了蒂娜。蒂娜非常热情地接待了房东，在交谈过程中，蒂娜一直在不断强调她是多么喜欢他的房子，绝口不谈房租价格是否过高的问题。而且，蒂娜还不停地称赞他，称他非常懂得管理，她也非常希望继续住在这里。当然，蒂娜也告诉了房东她实在负担不起高额的租金。

房东非常激动，很显然，他从来没有从其他房客那里得到过如此高的评价。他开始在蒂娜面前抱怨以往那些房客的无礼，因为在收到蒂娜的信之前，他曾经收到过14封信，但每一封信都是充满了恐吓、威胁与侮辱。

房东主动提出少收一点租金，蒂娜听了，又提出希望能再少一点。房东没有犹豫，马上就同意了。后来，蒂娜在和我谈论起这件事的时候说："很庆幸我当时能以平和的态度来处理此事。"没错，女士们，有时有脾气和抱怨并不能解决问题，相反，只有心态平和，才能有条不紊地处理事情，找到解决问题的最佳途径。

做女人，端庄淡定，会让你看起来更加优雅性感。这种生活态度是智慧的，宠辱不惊，拥有一颗平静如水的心，是对简单生活的一种追求。这种端庄优雅，会让你摒弃无谓的烦恼，祛除杂念，安安静静地思考问题，更好地处理问题。

能够平静而理智地去解决所遇到的各种问题，这不仅是一种优雅，更是对女士们的身心健康大有好处。当我们要发脾气的时候，总是会感觉心跳加快，血压上升，呼吸也变得急促起来。洛杉矶家庭保健研究协会主席阿马尔·杜兰特曾经说过，那些爱生气的人，很容易患上高血压、冠心病等疾病。同时，情绪波动太大，还会影响人的食欲和消化功能，从而导致消化系统的一些疾病。而对于那些已经患上这些病症的人，发脾气会使他们的病情更加恶化。这样说来，有脾气对我们是百害而无一利，既毁了女士们的形象，又伤害了身体，真是得不偿失！

遇到事情不发脾气，不抱怨，首先要求的是内心的平和与端庄淡定。端庄的女人是智慧的，是聪明的，是优雅的。与其说是纷扰的外界环境让女士们的生活少了一份安宁，倒不如说是她们内心少了一份端庄。

很多女士抱怨生活的不公平，常常与人进行比较，越比较内心越不平衡，生活没有别人好，嫁得不如别人好，没有别人有钱，等等。为此，她们生气，抱怨，折磨着自己与身边的人。其实，这个世界本来就不公平，我们无法逃避也无法选择。抱怨和生气不仅不能帮你改变现状还会毁了自己的生活。唯一能做的，就是保持一颗端庄淡定的心，调整好心态，改变自己来适应这个社会，最终改变自己的世界。

《拉封丹寓言》里有一个关于抱怨的故事。美丽的孔雀向王后朱诺抱怨说："王后啊，我不是向您发牢骚，也不是无理取闹，实在是没有人喜欢听你赐给我的歌喉。可是那小小的黄莺鸟儿，却能唱出婉转而甜蜜的歌声，它占尽了春光，出尽了风头。"

还没有等孔雀说完，朱诺就生气了，她严厉地批评道："赶紧给我住嘴，你这妒忌的鸟儿。你看你肚子四周那条如七彩丝绸染织而成的美丽彩虹，当你展开华丽的羽毛在人们面前款款而行时，人们就如同见到了色彩斑斓的珠宝。你这样美丽，难道好意思去嫉妒黄莺的歌声吗？这世界上，还有哪一种鸟能像你一样受到别的人喜爱呢？一种动物不可能同时具备世界上所有动物的优点，我们分赐给大家不同的禀赋，大家互相相容，各司其职。所以，我奉劝你不要再抱怨了，否则，将收回你华丽的羽毛，你好自为之吧。"

这个故事道理很明显，不公平就像空气一般，只要你想，它随处可在，也随时可以把你引入心灵的死角。如果总是以抱怨的态度面对生活，其实就是一种自虐的行为，还不如内心淡定一点，努力改变自己，以适应环境，改造环境，创造公平。

特别是婚姻，女人一旦习惯用抱怨来缓解压力，那么一不小心就会上瘾。婚前只看得到男人的优点，婚后去拿着放大镜放大男人的缺点，不是抱怨男人不争气，就是抱怨生活不如意，渐渐竟成了一种习惯，长此以往，不仅失去了女人魅力，还会让家人产生厌恶。

其实生活又怎么可能尽善尽美呢？又有哪一种生活会让人完全满意呢？即使在明媚的阳光下，也依然会有阴影。所以，无论是发脾气还是抱怨，都不能改变现状，解决问题。重要的是，保持内心的恬适与淡定，去学着适应这样的社会环境，对那些必然的事情主动而轻松地去承受，追求自己想要的东西。如此，才会使生活更加简单，得到自己内心的宁静。

自然流露的羞怯之美

> 羞涩是一种柔情的美，却能以柔克刚；羞涩是一种含蓄的美，总是在默默地绽放中，叩响人的心弦。
>
> ——卡耐基写给女人的幸福箴言

女人什么时候最美？每一个人都有不同的看法，而我却认为，女人在羞涩时候自然流露的美最有魅力。羞涩是女性独具的特色和风韵，女人毫不做作的自然羞怯态度，有着惊人的魅力和强大的功能。

人的脸色如一套五花八门的书，细读可读出心态，慢读可读出人情，久读可读懂世故。自然的羞涩浮在脸上，可谓是这本书中最精彩的一页。害羞是上帝对女人最大的恩赐，是女人最美的时候。那一抹羞态是女人吸引男人并增加情调的秘密武器，出现得适时而且恰如其分，自然而不做作，是一种诱人的温柔与娇媚，是一种女性特有的美，从而具有强大的杀伤力，达到不战而屈人之兵的效果。可以说，女人羞涩时流露的美，比任何一种色彩都美丽。

我曾经参加了一场隆重的婚礼，新郎是我的朋友，新娘子非常漂亮，看起来他们是如此恩爱。婚礼仪式结束后，在场的来宾们都一致要求新郎给大家讲述一下他们浪漫的恋爱过程。在大家热情的要求下，新郎有些腼腆地说："我对我妻子是一见钟情。我们的相识要感谢那场舞会。其实那天舞会上有很多漂亮迷人的女士，我妻子在其中并不显眼。但是，当我去请她跳舞的时候，我的心，却一下子被她俘虏了。"

"我走到她的面前，非常礼貌地对她说：'小姐，能请你跳支舞吗？'

当时我的妻子非常害羞地低下了头，白净的脸蛋上泛起了红晕，她羞怯地说：'对不起先生，我怕我跳不好，那样别人会笑话的。'她的声音一下子迷倒了我，我确信那是世界上最美妙的声音，看着她低垂着的娇羞的脸，我不知道自己怎么了，但是，我确定我就在那一刹那间爱上她了，她就是我生命中的天使。那天分别后，我的脑海中满是她娇羞的面容，于是，我对她展开了疯狂的追求。

开始的时候，我总是找一些借口约她出来，或者送她一些礼物。可是，她每次都是羞涩地拒绝了我。我并没有退缩，没有放弃，相反，她的这种羞涩反而让我对她更加痴迷。于是，我不顾她的拒绝，开始不停地约她，送她各种礼物，并且向她表达我的爱意。

她终于渐渐地被我感动了。当我把求婚戒指放在她面前的时候，你们不知道，她的脸就像是一个红红的苹果，让人不忍移开视线。

我能感觉到她的紧张，她微微喘着气。那时，我觉得她是世界上最美的女人。非常幸运，她最终答应了我，成了我的妻子。"

其实不仅仅是我的朋友，很多男人都觉得女人羞涩的时候是最美的。心理学家唐纳德·鲁卡尔曾经对1000名男士做过一项调查。他首先问这些男士，他们心中什么样的女人最美丽。结果可想而知，答案各不相同，有的说容貌漂亮，有的说身材苗条，有的说气质高雅，有的说性格温柔。接下来，唐纳德又问他们，女人在什么情况下最美丽。没想到，这1000名男士几乎都回答说："羞涩的时候。"通过这次调查，唐纳德写了一篇调查报告，他这样写道："对于所有的男士，都无法抗拒女人的羞涩。女人的魅力有千百种，女人也可以通过各种方式来获得男士们的注意。但是，无论什么方法，都不能和羞涩相比。我非常肯定，那些懂得羞涩的女人永远是最美丽的。"

或许有些人认为羞涩给人以胆小、畏怯、不自在的感觉，但其实这恰恰体现了女人含蓄、质朴、真诚、贤惠等性格特征，它集体中反映了女性内心世界的真、善、美。羞涩就像一件华美的轻纱，给人以轻柔、婉约的感觉，更能刺激人的丰富想象力。很多艺术家的作品也真实地反映了女性的羞涩美。伯拉克西特列斯创作的《柯尼德的阿弗罗狄忒》和《梅迪奇的阿弗罗狄忒》这两幅雕塑作品都反映了女性的羞涩之美。

尽管羞涩不能替你找一份好工作，不能让你领到很高的薪水，为了生活，更多的女人认为只有性格泼辣一点，才更容易在这个社会上生存。是的，不管遇到什么事，如果你不去主动争取，那么成功的可能性会小很多。但是，这并不意味着就否定了羞涩的重要性。正如狄卡尔·艾伦堡曾经说过："任何一种动物，即使是最接近人类的黑猩猩，也绝不会有羞涩的表现。羞涩是人类最天然、最纯真的情感表现，往往带有甜美的惊慌、紧张的心跳。当她感到羞涩时，脸上也会泛起红晕。对于女人来说，羞涩就是一枝青春的花朵，也是一种女人特有的魅力。"

羞涩是情感的色彩、是心迹的袒露。一个女人害羞时候的模样不但是她最美的时候，也是她最性感最具吸引力的时候。男人有时候也会羞涩，但最迷人的还是女人，同样的情况下，男人的害羞会让他看起来更狼狈，而女人却是更迷人。

因此，女士们，羞涩是属于女性的，请不要遗失了那美丽、纯真、朴实的羞涩，那是女人天然的本色，最动人的内涵！

心底有爱，心灵才滋润

爱是最好的精神食粮。心中有爱，人生的风景就是阳光。每个人的心灵，就像是一面镜子，反射出自己眼中的世界。世间的美好全在于心，心中有爱的人，内心平和宽容，眼中的一切都是美好的，生活也是幸福快乐的。

我朋友曾经给我讲述过这样一个故事：

科莉娅在费城一家著名的医院工作，是一名优秀的外科医生。一直以来，她很为自己的工作骄傲，因为它让无数个濒临死亡的人恢复健康。

但有一次，科莉娅接了一位重症病人，她用尽全力挽救，可依然无法换回那个病人的生命。病人床头上一束娇艳盛放的美丽鲜花仿佛正在讥笑她的无能，它开得那么美丽妖娆，黑色的花蕊像一只只冰冷嘲讽的眼睛。鲜花正在盛开，可生命却已陨落，这鲜明的对比，充满了讽刺与悲凉。从此，科莉娅不再爱花。

周围的人并不知道她经历了什么。有个叫哈瑞·霍华德的病人初次见面时给她送了一盆花，她虽然不喜欢，但看着哈瑞·霍华德纯粹的笑容，却不忍心拒绝。她知道，除非发生奇迹，否则，医院将会是哈瑞人生的最后一站。

那天，哈瑞·霍华德没听科莉娅的话，和儿科的小病人们玩游戏，累得满身大汗。面对科莉娅的责备，他却吐了吐舌头，做了一个鬼脸。傍晚，她的桌上多了一盆花，开得正艳，紫黄红三瓣花斑斓交错。花盆旁有一个纸条："医生，你发脾气的时候，一点都不可爱，你知道像什么吗？"

第二天，她的桌子上又多了一盆园圃里的那种小红花，小纸条上写道："医生，你知道你笑的时候像什么吗？"

哈瑞说，昨天那盆叫三色堇，今天的花叫太阳花。

哈瑞·霍华德带着科莉娅到附近的小花店走走，她突然发现，原来这世界上有这么多种花，清新艳异，婉转销魂。她也惊讶地发现，在谈起花时，哈瑞的眼神里绽放着光芒，丝毫没有病痛，没有恐惧。

哈瑞问科莉娅喜欢花吗，科莉娅说："花没有感情，不懂得爱。"哈瑞笑着说，只有懂爱的人，才懂得花的感情。

一天中午，科莉娅远远看见哈瑞在住院部后面的花园里发呆。一丛矮矮的灌木，缀满了红色灯笼般的小花，每一朵花囊都在爆裂，无数花籽向四周飞溅。他们共同见证了生命最辉煌的历程。

他捡了几粒花籽，种在装满黑土的花盆里，送给了科莉娅。纸条上写着："这种花叫'死不了'，很容易养活，过几个月就会开花，可惜我看不到了。"她的心中，涌起一股悲伤。

几天后的深夜，铃声响起，科莉娅一跃而起，冲向哈瑞的病房。

他始终保持清醒，面带微笑，对周围的朋友亲人和医护人员说："谢谢你们。"笑容凝固在了哈瑞的脸上。

以后的每一天，科莉娅都按时给那盆光秃秃的土浇水。后来她参加医疗分队去了贫困地区，同事把那盆什么都没长的花扔到了窗外。得知此事后，科莉娅有些失落，什么也没说。

几个月后，科莉娅回来了。她打开窗户的那一刹那，她怔住了。盆里两株瘦弱的嫩黄看起来弱不禁风，可最高处，花苞透出娇红，像是燃烧的火苗。

她终于懂得了花的情意。虽然生命容易消逝，但是，对生命的渴望却可以永远存活，那是永远不息的爱与热情。

女士们，生命的确很短暂，但只要有一颗不屈不挠、热爱生命的心，生命就会更灿烂地绽放。生命有尽头，爱的魅力却常新。爱是一个朴素的字眼，无处不在，一个浅浅的微笑，一杯醇香的咖啡，一句温馨的问候，给爱人和孩子一个热情的亲吻……爱简简单单，却能温暖每一个人的心房。人生路上，只要心中有爱，就会充满希望，产生奇迹。

这个故事发生在一战时期的欧洲战场上。德国与法国展开了激烈的战斗，伤亡都很惨重。由于受伤人数太多，医护人员忙不过来，只得抢救一些轻伤员。对于那些伤势过重的士兵，不得不放弃。

一位法国士兵倒在地上一动不能动，医生检查了他的伤口，遗憾地摇摇头，说他伤得太重，可能活不到明天。说完，他就转身离开，去察看其他伤员。

尽管受伤严重，但那位法国士兵的意识非常清醒。他的内心焦灼而痛苦，可没有人管他，他躺在地上，充满了绝望。

夜深了，死神一步步走向他。他是那么恐惧，但更多是遗憾。他多么想活着，多么想念他美丽的妻子和刚出生的孩子，她们都在等他回家。他累极了，但他不敢睡，因为他知道，如果他睡着了，就永远见不到妻儿了。为了让自己清醒，他强忍着疼痛，回想着美好的往事。

十七岁那年，他遇见了他的妻子，她的眼睛清澈而明亮，闪烁着清纯与友善。他爱上了她，他们愉快地约会，最后她接受了他的求婚。他高兴得快要发狂了，多么想让全世界都知道他的幸福。婚后，他们有了一个可爱的孩子，他又激动又骄傲，发誓要给孩子最好的一切，让他快快乐乐地长大……可是现在，他什么都不能做，躺在战场上等待死亡。他的身体不能动，可他的心却在狂乱地跳动，有一股巨大的力量在支撑着他：要活着，活着！他爱妻子，爱孩子，不能让亲爱的妻子伤心，不能让孩子失去父亲。

黎明终于到来，当医护人员再一次巡视战场时，发现了一息尚存的他。他们惊讶地大喊："天啦，他竟然还活着，这真是奇迹。"他得救了，终于健康地回到了他日夜思念的家乡，回到了他挚爱的妻儿身旁。

是爱给了这位濒临死亡的法国士兵以新的信心，支撑着他顽强地生存下来。心中有爱，自然就蕴藏着许多牵挂、许多美丽，爱如一杯清凉的水，滋润着干渴的心田；爱是一个永恒不变的话题，心中有爱，寒风呼啸的冬日也会温暖如春；心中有爱，便会伴着幸福，努力向前。平凡的生活，正是因为有爱才变得精彩，正是因为心中有爱，世界才变得温暖。

爱不仅仅存在于美好的爱情里。人的一生，就是爱别人，也被别人爱的过程。因为有爱，我们才存在。心底怀着爱的情感，用爱的眼光看世界，就能发现美，感受美，在爱与美的熏陶下，自己也会散发出爱与美的光芒。女人不要只注重物质的需要，每天留一点时间，听听内心的声音，给心灵撒下一片爱的阳光。

女士们，让人心充满爱吧，让爱的阳光洒满心田，温暖自己，也温暖身边的每一个人。

自信的女人最美

自信的女人用自信照亮爱情之路，自信的女人深谙婚姻幸福的秘诀，自信的女人是职场上一道亮丽的风景，自信的女人是交际场上盛开的玫瑰，自信的女人懂得内涵的魅力。
                                    ——卡耐基写给女人的幸福箴言

在这个世界上，并不是每个女人都有花儿一般的容貌。很多人是那样的普通，站在人群中找都找不出来，但是，自信却能使你立刻与众不同。真正的自信可以与文雅、谦恭和善良同在，任何女人都可以自信而充满魅力。可以这么说，一个有魅力的女人一定也很自信。

劳伦·斯科尔被称为美国商业女奇才，她接管了一家濒临破产的纺织工厂。这家纺织工厂已经连续三个月没有拿到一份订单了，大家的情绪都十分低落，人心惶惶。劳伦经过细致的研究，相信自己能有办法让这个工厂重新振作起来。不过，现在最重要的是如何唤起员工们的斗志，让他们树立起信心。

于是，劳伦召开了一次全体员工大会。会议开始，劳伦只问了员工一个问题："各位，你们认为一个健全的人和一个身体有残疾的人，哪一个更容易取得成功？"大家都认为是健康的人。劳伦并没有反驳，而是给员工们讲了一个故事："很多人都是这么认为，可是，我给大家讲一个故事。有一次，我和两个人一起去探险。他们一个是聋人，一个是盲人。我们本来准备到一座风景秀美的深山中去旅行，可是，半路上被一道峡谷给阻拦了，那峡谷地势险恶，非常深，底下水流湍急。我心里非常害怕，最可怕的是，只有几根光秃秃的铁索通往对面。一旦摔下去，一定会没命的。"

"可没想到，我的两个伙伴居然一点都不害怕，反而非常从容地走了过去，只留下我一个人在对面。我非常奇怪，事后我问他们是怎么回事。那个盲人说，她眼睛看不见，不知道危险。那个聋人说，她的耳朵听不见，听不到河水的咆哮，这样就不那么恐惧了。"

员工们听了，恍然大悟。劳伦趁势说道："各位，正是因为我们非常健全，才会怕这怕那，顾虑太多，没有勇气。实际上，阻碍我前进的，并不是峡谷和铁索，而是我内心对现实的恐惧。就像现在的你们，你们内心充满了对我们厂现状的恐惧，这心态其实是一样的。"

会议结束后，纺织厂员工们的精神面貌有很大的改善，个个斗志昂扬。在他们的带动下，很快，整个工厂又恢复了生机。当我问他们为什么会有如此大的变化时，员工们说："我们不想让恐惧心理阻碍我们前进。"

女士们，这正像我们平时面对问题一样，由于顾虑太多，反而失去了信心。其实自信就是一种信念，同时也是一种意志，而恐惧则是信念和意志最大的敌人。自信和恐惧是此消彼长的。如果我们的内心对任何事都充满了信心，我们就不会感到恐惧，反之亦然。一个自信的女人，能在事业上获得更大的成功。正如某位哲人所说："拥有了自信，你就成功了一半。"

无论面对任何事情都自信的女人，会让人觉得有一种胸有成竹的镇静，一种虚怀若谷的坦荡，一种处乱不惊的大气。这样的女人，眼神明亮，自信而从容不迫，骨子里深深透露出一种优雅。无论是甜是苦，无论是悲是喜，无论是痛是乐，因为心里充满自信，都有勇气去承受生活所赋予的一切。即使遇到失败或残缺的生活，也不会失去努力向上的动力。这不仅仅表现在对爱情的追求上，还表现在对生活与事业上。

自信的女人有一种不一样的吸引力。女人自信正是看到了自己本身的价值，看到了自己的魅力，看到了生活中美好的一面。自信可以让女人更妩媚生动，更光彩照人，也可以让女人更加坚强勇敢，淡定地面对生活中所遭遇的一切艰难困苦，并且在挫折面前不断地完善自己，努力使自己趋于完美。同时，自信也会使女人在为人处事上更加从容、大度，不陷入巨大的漩涡中。从容自信的女人，是聪明灵慧的，她们既不盲目自卑，也不会盲目自大。自信的女人总是落落大方，灿烂的笑容里会有一股凛然高贵的气质，让人仰慕。

卡尔·沃鲁达是美国最著名的马戏团杂技演员，被称为"全美走钢索第一人"。面对媒体采访，他曾经信心十足地说："对于我来说，人生真正的意义就是在钢索上行走，其他事情我都没有兴趣。"

正是因为他的自信，卡尔的每一次表演都非常成功。可是1978年，卡尔却在一次表演中不慎从钢索上掉了下来，结束了自己年轻的生命。大家都不明白为什么身经百战的卡尔会犯如此致命的错误。后来，卡尔的夫人才说，那次表演前的三个月，卡尔突然对自己失去了信心，害怕自己表演会失败。他经常问太太："亲爱的，如果我真的掉下去了，该怎么办？"正是他不再自信，把大量的精力放在了如何避免失败上，没想到，最后竟然真的失败了，还赔上了性命。

有一句话说："自信不一定成功，但不自信一定会失败。"很多人认为自己的失败是因为能力或其他外界的因素，其实，真正制约我们成功的，是心理因素，许多事情，往往因为内心的惧怕而以失败收场。每一个成功的人内心都充满了自信，有很强的意念，对一切困难都能冷静观察，努力克服，并最终走向成功。

现在有很多女士因为没有自信，失去了爱情、失去了工作甚至更好的发展机会。是的，没有人愿意和缺乏自信的女人交朋友，而对那些信心十足的女人，却总是不由自主地发出由衷的赞叹，并且不知不觉地被她的魅力所折服。

　　女人的自信是美丽的，它让你拥有一种特有的气质，一种具有震慑力的向心引力。不管你的外表是否真的漂亮，只要你有自信，你就拥有了美丽，只要你有自信，你就拥有了人生的价值。女人的自信之美并不是天生的，它是后天培养得来的，这也不是一朝一夕的事情，而需要长时间的积累和修炼。其实有时候只做一些很简单的事情，就能让你渐渐充满自信。比如，培训或参加会议的时候，试着坐在最前面的位子；大胆地看着对方的眼睛；勇敢地说出自己内心的想法……有人说自信是岁月沉淀的精华。但是，如果年轻时就能修炼出这份自信，不是更让人迷恋吗？

　　对于女人来说，自信是很重要的品性。如果你想做个美丽迷人的女人，那么，请扬起你高贵的头颅吧！让你的嘴角时常挂着自信的微笑，成为生活的主角！

第三章
了解并喜欢自己：
每个女人都是独一无二的

每个女人的身体里都蕴藏着巨大的财富，它能让我们的生命焕发光彩，而我们唯一需要做的，就是下定决心去了解自己，激发自己正视以及使用这些财富的勇气。

爱自己的不完美

> 做任何事，我们都要尽力而为，但不能责己太苛，责人太过。只要顺其自然，就是最好的结果。
>
> ——卡耐基写给女人的幸福箴言

这个世界，谁是完美的人？我们都不是。但我们要接受不完美的自己，孤独时自我安慰，寂寞时给自己温暖。学会悦纳不完美的自己，用心去发现自身的优点和长处，你会发现，自己尽管不完美，但却有与众不同的地方。人生的路不会永远平坦，只要心中有爱，充满自信，懂得珍惜自己，知道自己的价值，世界上的一切不完美，你都可以坦然面对。

是的，每一种人生都不完美，再美的女人，都被上帝画上了一道缺口。女人，要学会爱自己的不完美。每一种人生都不完美，你越是不想要它，它越是如影随形。

凯蒂的容貌算不上漂亮，她非常羡慕别人光鲜亮丽的外表，对自己的容貌耿耿于怀。她期盼着能遇到一个完美的爱人，对一切不入她法眼的男子视而不见；她整天抱怨着自己无论怎样努力和付出，却难以实现内心的愿望……她终日沉浸在抱怨、懊恼、失落与疲惫的状态里不知所措，这样的状态她持续了十年。

直到有一天，多年爱慕着她、并对她百般包容的男人，给她讲了"沙漠教父"的故事：

"公元三四世纪，一群人放弃了繁华的城市生活，此后一直隐居在沙漠里，过着艰苦的生活。他们以草为粮食，禁食长达几个星期。他们接连几天把自己捆绑在石头上，直到耗尽全身的力气。他们是什么人？为什么样这样做？"

"这是一群寻求人生真谛的人，他们的名称叫作'沙漠教父'。他们通过受苦受难的感受来体会人性的不完美。他们用行动告诉世人：因为人不完美，所以很多事都无法掌控，会犯各种各样的错误，会面对许许多多的困难。只有接纳自己的不完美，心灵才会自由，才能从痛苦中找到快乐，从喧嚣中找到宁静。"

在短短的人生旅途中，每个女人都希望这一生没有遗憾，平坦顺利地实现所有目标。可是，这毕竟是一种美好的幻想。人生或多或少都会有缺憾，也只不完美的人生，才是真正的人生。因此，面对人生的缺憾，面对自己的不完美，女人唯一能做的，就是接受它，爱它。

一个小镇上住着一对母女，每天傍晚时候，女孩都会在街头的广场拉小提琴。那琴声抚慰了人们浮躁的心，大家都非常喜欢她拉的曲子，也喜欢上了这个有着精致五官，漂亮得像公主一样的女孩。琴声非常美妙，人们都说这个女孩总有一天会在金碧辉煌的音乐大厅里开一场盛大的音乐会。

也许是上帝嫉妒女孩的容颜，一场车祸竟给女孩美丽的脸上留下了一条长长的伤疤。从此，小女孩变得沉默寡言，再也没有碰过她的小提琴，甚至很少抬起头来。广场上一下子变得安静了，那个天使一样的美丽女孩消失了。

　　小镇上的人们非常遗憾，他们想，再也见不到那个漂亮的女孩了，再也听不到如此优美的琴声了。可是突然有一天，小提琴的声音又响起来了，可是琴声一点也不美妙。是那个女孩的妈妈，她正站在女儿曾经拉琴的地方，用她的琴声和不远处的女儿对话。

　　接下来的两个月，每个傍晚，大家总能看到妈妈用心地拉琴。

　　有一天，一个醉汉冲着拉琴的女人吼道："你拉得太难听了，求求你，别拉了。"母亲平和的脸上第一次浮起一丝愤怒，她说："那麻烦你堵上你的耳朵，我不是拉给你听的，我是拉给我女儿听的。"

　　女孩目睹了这一切，她走到妈妈跟前，接过小提琴，坦然地昂起她那张带着疤痕的脸，对那个醉汉说："我妈妈只是为我一个人拉琴，在我眼里，她是世上最完美的小提琴手。"接着，流畅美妙的琴声再一次响了起来。

　　站在一旁的妈妈激动地流下了眼泪，她说："孩子，我只想告诉你，虽然你的脸和妈妈的琴声一样不完美，可我们有勇气把它拿到人前。"

　　敢于把自己的不完美表现出来，这是一种自信的表现，当妇人绽放自信的光芒时，你难道说她不美？鲜花只要努力地盛开，即使凋零也一样无悔；人生坎坷纵然让人唏嘘，但只要热爱生命的激情不减，生命就还是一片艳阳天。我们无法左右周围的一切，但是，我们可以左右我们的心境。接纳并爱上自己的不完美，尽力而为做任何事，顺其自然，就是最好的结果。

　　席勒曾经给成年人写过一篇童话：一个圆切去了一部分，它希望自己仍然完美。于是，它就四处寻找它遗失的那一部分。但因为它不再完整，所以行动迟缓，所以可以沿途欣赏花草的芬芳，可以享受灿烂的阳光，可以与蚯蚓聊天。有一天，它终于找到了自己遗失的那一部分，它非常高兴，它又变得完美了。于是它开始飞快地滚动，可是它却突然发现，这个世界都变了样，好多美好的东西都失去了。所以它又停下来，毫不犹豫地将千辛万苦才找回的部分丢在路边，然后慢慢向前滚去……人生就是这样，不完美才能欣赏到人世间的美好。只有我们真诚地面对，有点缺憾，人生照样精彩。

有一位企业家经过十几年的奋斗与拼搏，终于成为有名的雕刻家和经营雕刻精品的大老板，但是让人遗憾的是，他的腿有残疾。有人曾问他："如果不是你身体有残疾，你一定会更有成就吧？"他却淡然一笑，说："也许吧，不过我并不为我的残疾感到遗憾。因为如果不是我身体残疾，我肯定是一个庄稼汉，哪有时间坚持学习，掌握雕刻的技术？我应该感谢上帝给了我一个残疾的身体。"

我们要努力追求完美，但同时，我们也必须学会接纳并爱上我们的不完美。接纳自己的有限和不完美，承认自己会无力、会脆弱、会怒不可遏、会歇斯底里，承认自己不够苗条、不够白皙、不够端正、不够高、不够美……只有先对自己不够好的一面有足够的认同，自己才能真的足够好起来。每个人都希望自己完美，这种欲望是人的天性。正是因为这种欲望，人类才会不满足地向前发展。金无足赤，人无完人。女士们，要爱上自己的不完美，不同别人盲目地进行比较。其实，每个人都有足以让自己确立自信的优于别人的长处，上帝怎么会偏心呢？当你学会了爱上不完美的生活，爱上不完美的自己，你会惊喜地发现：人生很美，而你更美。

困难和挫折是生命的礼物

> 拥有成熟人格的人不会沉溺在困难之中无法抬头，而是勇敢地面对它，接受它，然后想方设法去克服和解决困难。不要在乎困难，也许它就是幸运的开始。
>
> ——卡耐基写给女人的幸福箴言

人的一生，不可能总是一帆风顺，不可能永远是平坦的大道。人都有失意和遭遇挫折的时候。一个人经历一些困难和挫折并不是坏事情，逆境虽然让人痛苦，但经受住挫折与困境的考验，可以增加人生的财富。生活不可避免有困难和挫折，与其抱怨和躲避，还不如坦然接受挑战，把它们当作生命恩赐的最好的礼物。

特别是女士们，在当今的社会，身上背负着和男人一样甚至比男人更多的责任。她们既要照顾家人，又要工作，所面临的压力很大，面临的困难和挫折也会更多。所以，更要学会坦然面对。

我一个朋友的儿子鲍比长得又高又帅，可是，他从小就有口吃的毛病。上小学的时候，他学习好，与同学们关系处得也非常好，就是他口吃的毛病让爸爸妈妈非常着急，于是就给他报了一个语言培训班，还带他去看心理医生。可是，这一切全都是白费力气。

转眼鲍比就小学毕业了，他将代表毕业班学生在毕业典礼上致辞。下午放学回来，他一头扎进了他的房间，开始准备演讲稿。

父母帮他修改了演讲稿，但一句也没有提他在演讲时将会遇到的困难与麻烦。毕业典礼上，小鲍比作为毕业生的代表，端端正正地站在主席台上，挺胸抬头，开始了他的演讲。很多同学和老师都知道他有口吃的毛病，大家为鲍比感到担心，会场里静极了。

鲍比开始演讲了，开始的时候他讲得慢，但渐渐地，他越来越自信，长达十五分钟的演讲，没有一点停顿与迟疑。鲍比从开始准备演讲稿的时候，就已经决定克服这个缺点了。演讲完毕，礼堂里响起了热烈的掌声，这是对他的努力最好的回报。

容易失败的人随时可以把自己独特的地方看成是缺陷，是他成功的障碍，他期望自己能够得到特殊的待遇。而那些成功的人，不会坐等别人的恩赐和上帝的恩宠，他一定会直面困难与挫折，努力奋斗，想办法克服困难。

一位年轻人刚刚退伍回家，到一家印刷厂担任送货员。有一天，他要把一整车书送到某大学七楼的办公室。当他把一捆捆书搬到电梯口等候电梯时，警卫走了过来，告诉他："这是老师搭乘的专用电梯，你必须得走楼梯。"

年轻人急忙解释："我不是学生，我要把一车的书送到七楼办公室，这是你们学校订的书。"但警卫一点也不通融，面无表情地说："不行就不行，你既不是教授，也不是老师，你必须走楼梯。"无论年轻人怎么央求，警卫始终不放行。

年轻人看着地上这几十捆书，心里觉得非常屈辱。想要搬完，来来回回至少得二十多趟，非得累死。他无法忍受，心一横，把四五十捆书放在了大厅角落里，不顾一切地走了。回到厂里，老板知道了情况后并没有责难他，但是，他却毅然辞职了，并到书店买来整套高中教材和参考书，含泪发誓：我一定要发奋图强，绝不再让别人瞧不起。

接下来的日子，年轻人天天苦读，因为他知道，他已无路可退。每当他要准备放弃时，脑海中就会想起当初警卫不让他搭乘电梯的羞辱，于是，他又打起精神，加倍努力。

终于，他考上了某大学的医学院，成为一名出色的医生。

回想往事，他说他要感谢那位警卫，如果不是他的无理发难，他不会从屈辱中擦干眼泪，坚强地站起来。

其实，挫折有时候是送给我们的最好礼物，就像美丽的彩虹总是出现在雨后，树结疤的地方会变得更坚硬。女士们，请记住，生命中的每个挫折每个伤痛，都有它的意义。

因为人只有在遭遇挫折和困难之后，才能让自己突然惊醒过来。

有句俗话说：挫折像弹簧，你弱它就强。面对困难和挫折，不同的态度，就会有不同的人生。它既可以把人吓倒，让人唉声叹气，一蹶不振，也可以让人精神振奋，增强意志。

日本投降后的第二天，玛丽·布朗回到了加拿大渥太华那个空荡荡的家。

几年前，玛丽·布朗的丈夫在一次车祸中丧生，不久，她的母亲也去世了，她还没来得及悲伤，巨大的灾难就降到了她的头上，因为她的儿子也离她而去。

她说："街上如此热闹喜庆，人们都在欢天喜地地庆祝战争的胜利，可是我的心中如此的悲哀，我唯一的孩子唐纳德永远地离我而去了。丈夫、母亲都抛下了我，现在，我的儿子也没了，只有我一个人孤零零地生活在这个世界上。从儿子的葬礼上回来，一走进家门，房屋寂静得像死了一样。我觉得是如此孤单。"

"我的内心充满了悲伤和恐惧，痛苦快把我逼疯了。我是如此寂寞，我害怕自己无法一个人孤独地生存下去。"

布朗太太整日沉浸在悲痛、恐惧与孤独中，痛苦而迷惘。她渐渐地明白，时间是最好的良药，但时间过得如此缓慢。她说："时光就这样一天天流逝，慢慢地，我发现我的痛苦正在一点点减轻，我开始关心身边的同事和朋友，对生活又有了兴趣。一天早晨醒来，我突然发现我的心灵已经走出了那段黑暗的日子。以前我痛苦地逃避现实，真傻！时间让我明白，有些东西是注定的。适应这个过程是如此漫长而痛苦，想要在短时间之内改变所有是不可能的。但是，只要决心改变，一切都会好的。经历过那样的痛苦之后，现在我的心更加宁静平和，还有什么困难会难倒我呢？"

面对灾难，我们除了接受现实，勇敢面对，再也无路可走。布朗太太的遭遇实在是悲惨之极，可是，个人的力量又能改变什么呢？只有勇敢地面对现实，就像布朗太太一样，强迫自己面对失去所有亲人的现实，让时间去治愈心灵上的伤口，最终走出痛苦的阴影，完成人生赋予我们的使命。当缅怀过去时，不再是痛苦和悲伤，而是幸福和甜蜜；当面对未来的困难和挫折时，不是刁难和折磨，而是生命馈赠的礼物。

女明星苏珊·鲍尔为了一个美满的婚姻，拒绝医生让她锯掉一条腿的建议，在她去世前，她在一部动作片中获得了极大的成功；萨拉·伯纳德是一个私生女，长得又不好看，大家都不喜欢她，没有人愿意接受她，在这种肮脏而卑贱的环境里，她最有理由自暴自弃，可是，她却把这当作生活对她的历练，最终成了舞台上耀眼的明星；海伦·凯勒从小就既盲又聋，可是经过自己的不懈努力，成为著名的作家……

上帝在这方面并不对谁好一些。人们在享受人生的快乐时，也要承受人生所带来的痛苦。懦弱说：挫折是人生路上的一片荆棘地，会让人遍体鳞伤；痛苦与沮丧说：挫折是被击倒后的眩晕，让人丢失了信心，迷失了生活的方向。生活中，挫折和困难只是成功的垫脚石，经不住挫折和磨难成不了强者。女士们，让我们毫不畏缩地面对挫折，微笑着迎接一切！

你是活给自己看的

人的思想、修养、经历都不一样，不可能对别人的言行都能感同身受，如果每件事都要得到他人的理解之后再去做，那么人生的很多时光就已经错过了。更何况，就连我们自己也对很多人和事想不明白，可人家依然按照自己的方式活着。记住一句话，人不需要理解一切，也不可能理解一切。

——卡耐基写给女人的幸福箴言

女人一辈子都冷暖自知，要爱自己，讨好自己，始终记得，你是活给自己看的。只有这样，才能培养出开朗自信的心境，坦然面对所有，不因外界的纷扰而凌乱了自己行走的步伐。

在日本京碧寺的山门上，有一块写着"第一义谛"的牌匾。这幅字是二百多年前洪川大师留下来的，看起来简单的四个字，却是洪川大师，反复誊写八十五遍之后的杰作。

洪川大师是一个非常注重完美的人，无论做什么事都一丝不苟。而他的弟子在他的教诲下，也都传承了他的作风。据说，当初洪川大师写这四个字时，一位弟子恰好在一旁观摩。大师每写一幅字，弟子都要评论一番，总是说不够完美，不是这写短了，那就那写长了。无奈，大师只得不停地改。

就这样，半天时间一眨眼就过去了，洪川大师一直耐着性子，一连写了八十四幅字，可是，却没有一幅得到弟子的认可。后来，弟子去上厕所，这下洪川大师终于松了口气，他觉得终于轻松了。在这种放松的心态下，他自由地一挥而就。

弟子回来看到师父刚刚的手迹，非常惊叹，大赞这幅字是精品。

洪川大师之所以写不好，是因为他一直在跟着别人的意愿走，被别人牵引。这样活在他人的目光里，内心无法平静，就发挥不出自己的潜能，这才是问题的关键所在。大师尚且如此，更何况平凡的我们呢？

许多心思敏感的女人，经常会因为别人无意间的一句话或一个眼神、一个动作，而让自己内心久久无法平静，总在猜测这眼神和动作背后的意义。这样一定会活得很累。其实也并不是生活过于刻薄，而是我们总感觉有无数穿心掠肺的目光，有很多飞短流长的冷言扰乱了我们的心神，渐渐被缚于自己编织的一团乱麻之中。

日本作家山田宗树有一部小说，叫作《被嫌弃的松子的一生》，后来被改编成电影。小说中的女人主人公松子，简直就是告诫和提醒女人不要为他人而活的典型。

松子的妹妹因为常年生病，卧病在床。心疼女儿的父亲对她非常照顾，几乎把所有的心思都放在了这个生病的小女儿身上。

松子感到了失落，她不理解为什么父亲只爱她的妹妹，她也希望得到父亲的爱。一次偶然的机会，她做了一个搞怪又搞笑的鬼脸，逗得父亲哈哈大笑。她又试了几次，每次都把父亲逗笑了。

自那以后，她便把这个鬼脸当成了自己的护法武器，遇到可怕或难堪的事情，她总会这样做，来博取他人一笑。

长大后，她依然如此，刻意地讨好周围的人，在爱情里，更是卑微。无论什么样的情境，就算是被男友大骂，每天提心吊胆地过日子，她总是刻意地掩盖自己的情绪，努力地讨好，奉献着自己的爱。影片中说，她所给予的是"上帝之爱"，她所有的努力讨好，其实都不过是不想一个人生活。可是最后的结局呢？她完全成了别人的附属品，失去了自我，没有人同情她、珍惜她，她在孤独与可怜中死去。

生活中很多女人或许都有松子一样的遭遇，刻意讨好别人，用卑微的姿态博取他人好感。可是在这样的生活里，你还能找到你自己的影子吗？其实，大可不必如此。讨好别人，是一件没有意义的事，就算你再怎么努力，也不能方方面面都让人满意。

你是活给自己看的，没有多少人真正能够把你放在心上。无论何时何地，作为女人，始终要明白，你是活给你自己看的，别把别人的评价和态度看得太重。凡事只要于心无愧，就不必计较太多。肤浅的赞美就像阳光中的尘埃，会迷惑你的视线。而那些非议与诅咒，也是麻醉你的毒药，太过注重，不过是让你乱了心智。因此，无论何时，切勿被动地改变自己，唯有如此，你才会与众不同，才会彰显个性的魅力。

活给自己看，你的人生是否有意义，活得是否有滋味，衡量的标准，不是外在的显赫，而是你对人生的独特领悟和对道德的坚守。自己靠正途要追求的东西才是有意味有意义的，对别人的名利心痒眼热一下，可以理解，也无可非议，但过给别人看的生活却是一种累赘，活给自己看的生活才会有一份轻松，几许充实。

我曾经参加过一个集会，但这个集会却偏离了主题，转到另一个颇具争议的问题上去了。除了一个人的观点不同，其他客人的观点都一致。而这个人始终非常客气地回避可能发生的争执，直到有人正面地问他对这个问题的看法。他笑着说："我希望你没有问过我这个问题，这是公共场合，而我的观点和在座各位的意见是根本不一样的。不过，你既然问到了，我就说两句。"接着，他阐述了自己的观点。当然，他一个人的力量毕竟是有限的，他孤立无援，他的声音被人们的辩论声和反对声重重包围。但即使如此，他依然寸步不让，坚持着自己的看法。他虽然说服不了别人，但是，因为他的毫不妥协，坚持自我，他也赢得了人们对他的尊重。

对他来说，附和别人的观点似乎更容易一些，可他没有那样做。正因为这样，他才会让更多的人记住了他，让人因为他的坚持而产生敬佩。如果和所有人的观点一致，他也会被淹没在众多的声音里，而失去了自己的声音。

许多事情发生在你的身上，而不是别人。所以，他们的看法不过是以他们的阅历和认知来做出判断的，根本不了解你的实际情况。或许当他们遇到同样的事情时，他们的做法是合适的，但这样做并不代表一定适合你。这就跟穿衣服是一样的道理，身高不同，体重不同，个性与气质不同，自然要选择不同的衣服。如果一味地满足别人的喜好，穿上不适合自己的服装，只会带来更多的嘲笑。

其实一个人的价值，并不能由他人来评定和证实。无论面对什么情况，在怎样的环境里，你只要坚信自己是对的，是好的，那就行了。因为，无论别人怎么看你和说你，你始终还得做你自己。生活是自己的，你有权利选择怎样的生活方式。活给自己，笑给自己，演给自己，唱给自己，相信自己的能力，给自己阳光，给自己信心，把快乐的钥匙掌握在自己的手里，按照自己喜欢的、舒适的方式生活，超脱心灵的枷锁，才是幸福的意义。

孤独时懂得自我欣赏

> 如果我们很在乎孤独，那就是在害怕孤独，我们承认孤独的存在，就是把孤独转化为资源，学会欣赏孤独，挖掘孤独，利用孤独。孤独是常在的，孤独也并不可怕，它是对喧闹的一种调节，是对人生的一种考验。
>
> ——卡耐基写给女人的幸福箴言

不管幸与不幸，生活中总会伴随着孤独。大海有大海的孤独，花儿有花儿的孤独，甚至时间也有过孤独，孤独地流逝。

该如何看待孤独？是寂寞的折磨还是美丽的风景？雨果曾经说过："孤独是一笔财富。"往往人在孤独的时候，内心会伴随着伤感，而正是因为有了伤感，才让我们变得更加坚韧和真诚。就像那些伟大的古希腊哲学家，我想他们都享受过属于自己的孤独财富，今天的我们才能享受到那些人类的精神财富。懂得欣赏孤独并享受自己的孤独时刻，就不会流俗于茫茫人海，就能保持你的个性与自我，享受孤独，享受成功。

我给大家讲一个苏格拉底的小故事。苏格拉底结婚之前和几个志趣相同的朋友合住在一起。他们居住的环境非常差，只有七八平方米，条件简陋，到处可见老鼠、蟑螂的痕迹。

尽管生活条件非常艰苦，但苏格拉底每天总是神采飞扬，过得非常快乐。他的朋友非常好奇，就问他："老兄，什么事情让你一天总是开心的，说出来也让我们开心一下吧？"同住的人也问他："我们现在生活条件这么差，你有什么可高兴的啊？"

　　苏格拉底却说："我们大家在一起可以随时交流彼此的心得体会和思想感情，这难道不值得高兴吗？这可是再多的金钱也无法买到的。"

　　不久，同住在一起的朋友因结婚或其他原因而各奔东西，只剩下苏格拉底一个人还住在小破屋里。可是，他并没有因为朋友的离去而孤单难过，每天仍然很快乐，甚至有时候一个人傻笑。周围的人都觉得他精神有问题，但苏格拉底并不在乎，整天依然快乐地沉浸在书本之中。有人问他："现在屋里就只剩你一个人，孤孤单单有什么可乐的呢？"

　　苏格拉底却自豪地说："怎么说我是一个人呢？你没看见有那么多书在陪伴着我吗？一本书就是一位老师，你可以从不同的老师那里学到不同的东西。有这么多老师与我为伴，我可以在任何时候向他们请教问题，而他们从来都不会厌烦，我又怎么能不高兴呢？"无疑，苏格拉底在欣赏着孤独，在孤独中不断地提升自己灵魂的高度。

　　苏格拉底对后世影响深远，他的哲学思想也成为古希腊哲学的重要组成部分，在西方哲学史中熠熠生辉。他喜欢思考，正像大多数思考者一样，都喜欢孤独。因为只有在这种孤独的状态下，人的思想和心境才会高度地和谐统一，处于一种最开阔、最自由的状态，不用想其他无关的任何事情，更不用顾忌和在乎别人的看法和言论。只有充分地享受并欣赏孤独，才能在你的精神世界里自由翱翔。

　　我们孤独地从母体中来，因为孤独，所以刚刚落地的时候只好哇哇地啼哭。那是因为孤独而哭，但也是为喜悦而哭。孤独有什么可怕的，可怕的是我们害怕孤独，不会去欣赏与享受孤独。

有一位女作家在出版了一本畅销书之后，一夜之名。此后，她就好像从人间消失了一样，很长一段时间，朋友们都联系不到她，电话关机，座机无人接听。有人说，她是成名后故意抬高身价，摆架子，也有人说她是见利忘义，有了名利就忘了朋友。各种猜测纷至沓来，终于有一天，她主动给朋友打了电话。接到电话后，朋友非常诧异，问她："你这是去哪了？出国了还是档期太满了？"女作家神秘地说："我哪儿也没去，我在家享受孤独。"

成名之后，熙熙攘攘的人群和喧闹的嘈杂几乎将要把她吞没，她几乎没有时间坐下来静静思考。她让自己孤独地待在家里，远离工作，远离吵闹，回归到自己的小窝，捧一杯暖暖的咖啡，慵懒地翻阅一本好书，写一段关于生活、关于情感的文字。再无声地关掉手机，远离欲望，放飞自己的心，什么都可以想，什么都可以不想，充分享受着孤独，感受着这份来自于内心的宁静。

孤独的时候，可以卸下所有的面具与包袱，彻底地放松，你可以放纵自己的思想，自己的情感，放松那根绷紧的心弦，抚平那些刺心的伤痛。你可以任由思绪天马行空，甩开种种枷锁与束缚，心平气和地做自己喜欢的事，用人性的真善去洗涤、过滤灵魂。

有一个叫海伦的女人，她从来都没有离开过自己的家，但是，她在绘画方面却有着超乎常人的天赋。她既没有不分昼夜地下苦工学画，也没有坎坷的求艺之路。她是按照自己的想法去作画，就像她母亲说的那样："她是在画板上出生长大的。"海伦年纪轻轻便拥有了让很多人羡慕的名望和荣耀，很多人慕名来求画。

海伦总是喜欢在无人的夜晚里开着昏暗的灯光，一个人孤独地站在窗口，呆呆地望着远处。在寂静的夜里，也显得如此安静而又忧伤。我想，这也许就是她最真实的存在吧，在她自己的世界里，孤独，才是她精神世界里最真实的代号。

她的母亲希望她去外面的世界看看，她也曾经试图劝说自己到人群中走一走，看一看，不为别的，就只为她的艺术创作。但是，当她走出家门，看到那些不熟悉的房屋建筑和攒动的人群时，她说："外面的世界，就像一个太大的屋子。风景很多，色彩很绚烂，也会给我太多的灵感。但如果让我离开这间屋子，那我宁可舍去生命，因为，我觉得我从来没有为任何人存在过。"

在我们看来，海伦的确是一个天才，但也是一个异类。尽管人们无比欣赏她那高超的画技，但是，在暗夜的灯光下，只有她孤独地伫立在窗前。其实生活中也是如此，当我们非常专注一件事情的时候，我们会沉浸在那个孤独的世界里。虽然外面诱惑很多，却无法打动。孤独，需要一种勇敢的信念来支撑，只有真正享受孤独，欣赏孤独，才会由孤独的忧伤中寻找到幸福的意义。

很多女人都害怕孤独，害怕独处。因为独处，意味着一个人面对所有的悲欢喜乐，无处倾诉自己内心的想法，意味着有可能会被人遗忘。所以，有很多女人会用忙碌、应酬、恋爱、玩乐来填补空洞的心灵。这种迷恋会让女人深陷其中，宁愿在一群人中孤单，也不愿体味一个人的狂欢。

可是，人生终究是一场一个人的旅行，旅途中许多光景，注定要一个人欣赏；生命里的许多味道，注定要一个人品尝。所以，女人不应该害怕孤独，而要学会享受和欣赏孤独，冷静地思考过与失，寻求到内心真正的平静。

悦纳真实的自我才能找回自信

> 认识自我，你就是一座金矿，你一定能够在自己的人生中展现出应有的风采。每个人都有巨大的潜能，每个人都有自己独特的个性和长处，每个人都可以通过自省发挥自己的优点，通过不懈的努力去争取成功。做你自己，那是最快乐的，也是最好的。
>
> ——卡耐基写给女人的幸福箴言

悦纳真实的自我，就是无条件地、全盘地接受自己。无论是优点还是缺点，无论是好是坏，都要悦纳自己生命中的各种不幸，也悦纳自己的幸福。

悦纳自我，首先要认识自我。古希腊戴尔菲城神庙上镌刻着唯一的碑铭——认识自我。这是人类与生俱来的内在要求和至高无上的思考命题，尽管至今都没有得出令人满意的结果，但是，人类却从来没有停止过对自我的追寻。

尼采曾经过说："聪明的人只要能认识自己，便什么也不会失去。"认识真实的自我，是每个人自信的基础和依据。即使面对各种困难和不利的境遇，只要你的潜能和独特的个性依然存在，你就可以坚信：我能行！

我培训班上的一位女士曾经找到我，说她现在的生活压力太大了，她已经找不到自己了，她希望我能够帮帮她，给她提供一点建议。

这位女士告诉我，她应该算得上是一个幸福的女人，因为她的丈夫是一个成功的企业家，很有上进心，做事积极，当然，也有些大男子主义。但是，这却让女士非常烦恼，因为由于丈夫的工作需要，他们的社交圈就很自然地以先生的朋友为主。而丈夫的朋友大多是有声望、有地位而且很富有的人。面对这些人，女士觉得自己太卑微太渺小了，因为她不能按照自己的个性行事，虽然她的本质是非常善良和纯朴的，可是，谁又在乎她这个呢？

于是，她开始努力改变自己，逼迫自己学习他们的生活模式，可越这样做，她就越不喜欢自己，越来越为自己不能达到别人的要求而痛苦。

听了这位女士的话，我马上判断出她不是不能适应环境，而不能适应变化后的自己。我当时并没有明确告诉她该怎么做，因为我自己当时也没有认识到喜欢真实的自己的重要性。为了帮助她，我专门去曼哈顿拜访我的老朋友司麦理·布勒敦医师，希望能从他那里得到一些建议和帮助。

听完我的叙述后，布勒敦对我说："戴尔，这位女士最大的问题在于不能勇敢而快乐地接受自己。在她的心里，她期望自己能变成另外一个完全不属于自己的人。"

"是的，我该如何帮助她呢？"我点了点头。

布勒敦思考了一下，对我说："你现在要让她明白，一定要认识自我，真正喜欢真实的自我。这世上每一个人都有一定的社会作用，而且在日常生活中，完全可以表现出来。不过，这种自我的作用必须通过自己的个性表现出来，而不是通过依靠别人或模仿别人表现出来。只要能明白这一点，她一定会变得快乐的。你要知道，喜欢自己，悦纳真实的自我是每个人获得健康成熟的必要条件。当然，这种自爱并不是指那种自恋的想法，这是一种自我接受，是一种既清醒又实际的接受自我的做法，是人性尊严和自重的体现。这种自我接受是一种对自己适当的自爱，这对我们每一个正常的人来说，都是健康的，不管是为了工作，还是为了达到某自目标，悦纳真实的自我都是非常必要的。"

听了布勒敦的话，我从内心体会到了认识自我、悦纳自我的重要性。那位女士之所以不快乐，是因为她没有认识真正的自我，她把别人的标准当成了评判自己的标准。我找到这位女士，并把这话告诉了她，让她无论如何要建立一套属于自己的价值观，悦纳真实的自我。最后，这位女士终于走出了苦恼，尽情地展示自己的个性，浑身上下散发着自信的光芒。

所以，我不得不说，认识真实的自我，并喜欢真实的自我，是非常重要的。

成功的女人正是因为能认识并悦纳真实的自我，所以才会不断地进行自我改造。迷失在自我当中，很容易受到周围信息的暗示与影响，并把他人的言行作为自己行动的参照，想让自己和别人一样。她们希望能够跟上潮流，或是让自己散发出明星般的魅力。然而，这种模仿似乎并没有给女士们带来成功或是快乐，相反会让她们感到焦虑、痛苦。而且这种焦虑、痛苦是和失败联系在一起的。所以她们会越来越不认识自己，越来越痛苦，直到一点儿也找不到自己的影子。

克里希那穆提说过："你看，一朵百合或是一朵玫瑰，它是从来不假装的，它的美就在于它就是它本来的样子。"这就是真实的自我，这种美是最真实的，不用把眼光投向外界，不用追逐自己所想象的那些美好的事物而忽略自己的本心，不被外界的东西牵绊，不用伪装自己、改变自己。高兴了就笑，难过了就哭，按照自己的生活方式，不企图成为任何人，悦纳真实的自我，这就是真实的快乐！

超级名模萨沙没有出道时，有人问她："你最想成为谁？谁是你的偶像？"萨沙十分笃定地说："我没有偶像，至少现在没有。我了解我自己，我就做我自己。"这就是真实，做真实的自己。

一花一世界，一沙一天堂，每个人都有每个人的精彩。从容淡定地做自己，便是岁月赐予我们最好的礼物。

有一位老人在笔记本上写下了这样一段话："不必在意别人是不是喜欢

你，不必在意这个世界是不是公平地对待你，更不要奢望人人都会善待你。"
做真实的自己，关爱自己，不是狭隘的自私，而是一种自我实现的价值感，是
真正地认定自己的价值，努力活出自己的风采。

　　悦纳自己，不仅要悦纳自己的长相，还要悦纳自己的生活，悦纳自己的命
运。一个人生命最完满的存在，就是做真实的自己。每个人都是平等的，我们
的价值取决于我们怎么对待自己。人生路来不了第二次，做自己喜欢做的事，
爱自己喜欢爱的人，行走在真实的路上，无论幸福和痛苦，无论快乐或悲伤，
因为真实，所以快乐！

静下来，发现独一无二的自己

> 每个人都有自己的情形，每个人都有自己的长处和短处，别为无谓的琐事，丧失了自己的信心，别让偶然的事情，影响了自己的情绪。
>
> ——卡耐基写给女人的幸福箴言

在这个世界，尽管人都是由同一种物质构成，但每个人又成为独特的个体，每个人都是独一无二的，我们的思想、我们的内在，都是别人无法模仿的。

园子里的玫瑰，看起来都一样，其实仔细看看，即使是一样的品种，颜色也一样，但每株玫瑰开的花都有不一样的地方。比如生长速度、花瓣的卷曲程度、颜色的均匀程度都不一样，它们都有自己的独特之处。女人就像玫瑰花，看起来都如此美丽，但由于心灵成熟的过程不一样，所经历的生命历程不一样，每一个人都是独一无二的，都可以信心十足地活出自我的精彩。

许多女人总是羡慕别人拥有许多的光环，渴望成为他人而往往忽略了自己。但是，请记住，你是独一无二的，在这个世界上，你只有一个，没有第二个你，也没有人可以代替得了。哪怕没有光环，没有赞扬，依然要活出独一无二的自己。

我的朋友乔伊·肯迪在美国一家大型企业做高管，每年公司都有一次大型的招聘会，乔伊一般都会参加面试工作，可以说他阅人无数，那些面试者一个小小的动作或眼神，他都能基本猜测出此人的一些性格特点。这一年，公司又要新招一批年轻的成员，乔伊是面试主考官之一。面试工作结束后，他显得有些兴奋，他告诉我，有一个姑娘给了他很深刻的印象，因为在面试时，姑娘显得非常有信心。当问到她为什么如此有信心时，那个姑娘说："因为我是独一无二的。"就是这句话深深地打动了乔伊，他说，当姑娘说这句话的时候，浑身上下散发出一种凛然不可侵犯的气质。乔伊说，从来没有哪位应聘者敢于这样展现自己的与众不同，这也是深深打动他的地方。

是的，相信那位姑娘在说到自己是独一无二的时候，她的内心也的确是这样想的。我们可以想象，当她昂起头，说出这样的话时，一定如一朵热情的玫瑰，因认识到自己的价值，正绚丽地开放着。

曾经担任过英国科协主席的阿瑟·基思爵士对古人类很有研究，他说："无论过去、现在还是将来，从没有人与别人有相同的人生经历……每个人都有一段独特的生命历程。"是的，尽管我们看上去没有什么区别，但每个人都是独一无二的生命个体。

怎样才能让自己成为独一无二的个体？怎么才能更明白自己？

我们可以通过独处来静静地熟悉自己。紧张的生活和强大的压力，使我们经常找不到机会与自己交流，忘记了自己独特的个性，因此，我们需要找个机会独处。

即使是独处，每一个人的方式也是不一样的。曾经有人告诉我说，他喜欢在大街上散步，把自己淹没在人群之中，通过这种方式来思考问题。他说："面对街上来往的人群和喧嚣的车辆，我丝毫不会分心，就这样，直到想明白了为止。"

有人喜欢去教堂独处，因为教堂能使他放松自己紧张的神经，使心灵得到净化，让自己振作起来。而我，喜欢亲近大自然，把自己投入大自然的怀抱。

我的时间很紧，不可能长时间地散步，也没时间长久地做户外活动。我经常独处的方式就是把自己放在院里走走，不时抬头看看外面的树木和天空，看季节奇迹般发生奇妙的变化。即使在这样一小块地方，我依然可以窥见大自然的美景。

也有人喜欢在安静的房间里独处，或者是用其他与世隔绝的方式。不管怎样，每天都给自己留出一点空闲时间，认真地思考自己的人生。这种独处的方式对思考自己的内心世界和生活方式、树立自己的信心、约束自己的行为都很重要，它可以让你更加认清真实的自己，不盲目地追崇他人、模仿他人，也更能清楚自己的独特之处。

虽然社会上越来越强调"适应""群体意识"和"社会化流动"，把淹没自己的个性、服从意志的人当成精英，而那些个性突出的则被看成是另类。但是，我们是一个独立的人，这样只会让我们经常迷失自己的意志。正因为如此，当许多女士因为自己的想法、行为与别人不同时，会非常恐惧，甚至感到孤独。她们没有意识到应该做一个独特的人，让自己与众不同的个性展现出来。或许这样做要承受别人异样的眼光，要忍受着步调一致的束缚，但其实很多人内心都知道，自己是与众不同的，她也希望自己与别人有所区别。

除此之外，我们还可以寻找生活中最让自己满意的地方，更加深刻地认识自己。我们一直在要求自己改变的同时却忘记了我们本来就是独一无二的。人生最大的成功，不在于成就的多少，而在于你是否有努力地去实现自我，喊出自己的声音。

山有山的高度，水有水的深度，风有风的自由，云有云的温柔，每个人都有自己的个性。只要你认为是快乐的，就去寻找；你认为值得的，就去守候。只要守住心中的那份宁静，控制好自己的心情，展示自己独有的个性，你就会发现，你的自信回来了，你的美是无法替代的！

保持自己的本色

本色即特色，这世上每一个人都是一个独特的个体，保持本色，就是独特地活。正因为有本色，才会有特色，个性才愈加彰显；正因为有本色，生活才愈加充实，才更有魅力。经常听人说："年轻人要保持自己的本色才会彰显奇异风格。"没有了自己的本色，那将会是一塌糊涂的，也很难有左右逢源的契机。

素凡石油公司的人事部经理保罗·鲍尔顿曾面试过六万多个求职者，还写过《求职的6种方法》这本书。我曾经向他请教前来求职的人经常所犯的毛病是什么。他回答说："求职者所犯的最大错误，就是不能保持自己的本色。他们在你面前并不表现自己的真实面目，不能完全坦诚相向，经常会给你一些他认为你想要的回答，而不是自己内心最真实的答案。"他说，"这样毫无用处，因为没有哪一个公司想要一个伪君子，更从来没有人愿意收假币。"

不错，本来每个人都是一个独特的个体，都有自己的本色，如果都变成如流水线上下来般一模一样，那又有何吸引人的地方呢？对于保持本色这个问题，我有非常深刻的理解，因为我也为此曾经付出过很大的代价。

我生活在密苏里州的乡下，后来我去纽约，进了美国戏剧艺术学院，我希望能成为一名出色的演员。当时，我有一个想法：找到一条走向成功的捷径。我自以为这个想法非常聪明，如此简单，但又如此完美，我为那些野心勃勃但又没有发现这一点的人感到惋惜。这个想法就是：要学当年那些著名演员是如何表演的，我只要模仿他们每一个人的表演，把每一个人的优点集于一身，这样，我也就能成为一名成功的演员了！但是，事实告诉我，这是多么愚蠢，多么荒谬的想法和做法！我居然浪费了那么多时间去模仿别人，而完全忽略了我自己的长处！最后我终于明白，我并不能为此而成功，我就是我自己，我不可能变成任何人！

本来这次痛苦应该会给我更多的教训，但事实上，我并没有从中接受教训。几年之后，我开始写一本书，我希望它成为所有关于当众演讲的书中最好的一本。但是，我又犯了一次同样的错误。我买来十几本关于当众演讲的书，花了一年时间把它们的想法与观点纳入我的书里。结果可想而知，这样写出的东西是如此做作而枯燥，没有人愿意看。我一年的心血付之东流。

经过这两次的教训，我暗暗对自己说："你一定要保持自己的本色，即使有错误和局限。你就是你，你不可能成为别人。"于是，我开始真正做回自己，我本应该早就这样做：我以自己的经历和观察，写了一本关于当众演讲的书。

本色就是特色，你就是你，失去了本色，其实就失去了自我，不过是别人身后的影子而已。保持自己的本色，即是我们与众不同的另类舞台，我们并不完美，甚至有明显的缺陷，但是，这方舞台却可以让我们大显身手。

但往往很多人要几经周折与努力，才会懂得这个道理，就像那位电车司机的女儿。

　　和每一位年轻的姑娘一样，电车司机的女儿也有一个美丽的梦想，她想成为一名歌唱家。但是，她长得并不漂亮，甚至有些不好看。她的嘴巴很大，牙齿也有些暴凸。这对她来说，无疑是一个不小的缺憾。她第一次在新泽西州的一家夜总会公开演唱的时候，为了遮住自己的缺点，她想把上嘴唇拉下来，好挡住她的龅牙，因为，她想让自己看起来美一点。可是表演的结果呢？丑态百出，有人甚至出言讥笑。

这让她非常沮丧，可是，这家夜总会里有一个人听了女孩唱歌后，认为她很有天分。于是，他找到女孩，直率地告诉她："我一直在观看你的表演，我知道你在遮掩什么，你认为你的牙齿非常难看。"

女孩听了，窘迫极了。那个人继续说道："可是，这有什么？难道长了龅牙就是罪恶吗？不用去遮掩什么，张大你的嘴尽情歌唱，当你都不在乎的时候，他们就都会喜欢你的。而且，他们会把对你牙齿的注意，转而投入到你的歌声里。"他毫不客气地说，"再说，为什么要把它们遮起来？说不定，正是你的牙齿，给你带来好运呢！"

女孩接受了她的忠告，忘记了让她尴尬的牙齿。从此，她想到的只有她的观众，只有她的歌声。她张大了嘴巴热情而奔放地歌唱，成为电影界和广播界一流的明星，甚至还成为喜剧演员学习的对象。她就是凯丝·达莉！

正是凯丝·达莉保持了自己的本色，她的暴牙成为她的标志与骄傲，才让她显出与众不同的地方。其实，像凯丝·达莉那样，大可不必遮住自己的缺陷。你的价值并不是由他人来评定和证实的，不管什么样的环境，只要你坚信自己是对的，是好的，那就足够了。因为，无论别人怎么说你和看你，你依然还得做你自己。

伊笛丝·阿雷德夫人住在北卡罗来纳州艾尔山，她曾经在给我的信里这样写道：

"从小我就特别敏感，性格内向，因为我很胖，特别是我的脸。母亲是一个古板的女人，她认为穿漂亮衣服是非常愚蠢的行为，所以，我从来没有漂亮的衣服，也从不参加舞会，甚至在上学时不参加室外活动，不上体育课。我是如此害羞，觉得与其他人不一样，所有的人都不喜欢我。

我的丈夫比我大好几岁，可即使结婚也并没有让我有所改变。他的家人和睦而自信，我尽最大努力想要成为他们那样的人。可是，并没有成功。他们为了使我开心而做的每一件事，都只会让我更加退缩。

我变得紧张不安，情绪也很坏，甚至不敢见所有的朋友，哪怕是门铃，也会让我心里紧张。我害怕丈夫发现我内心的失败，所以每当在公共场合，我都假装很开心，可结果总是做得过火。我甚至都觉得没有活下去的意思了，开始想自杀。

可就是婆婆随口的一句话，改变了我的整个生活。那天，婆婆和我谈论如何培养她的几个孩子，她说：'不管怎样，我都要求他们保持自己的本色……'这句话，让我突然发现我的苦恼所在：我一直在试着让自己去适应一个并不适合我的模式。

一夜之间，所有的人都发现我变了。我开始保持自己本色，开始研究我自己的个性，想真正了解自己到底是一个怎样的人。我找到了我的优点，尽我所能去学习色彩和服饰知识，按适合我的方式去穿衣。我开始主动结交朋友，并参加了一些小社团，虽然在参加活动初期让我发言，使我非常害怕，可每一次发言，我就发现勇气增加了几分。现在，我变得如此快乐，这是我以前没有想到的。我总会拿我痛苦的经历来教育我的孩子：无论如何，总要保持自己的本色。"

爱默生在散文《自信》中说："每一个人在他的教育过程中，一定会在某个时期发现，羡慕是无知的，模仿是一种自然的行为。不论好坏，他都必须保持自我本色。"保持本色，无论做什么事情，都不能丢了我们做人的原则和自己的特色，这样可以使人我们生活得更加滋润，也可以使我们的生命更加浓墨重彩或轻舞飞扬，使我们的人生更加异彩纷呈。

就像一首诗中所写的那样：如果你不能成为山顶的青松，那么，就做溪边最好的一丛小树！

女人本身就很强大

> 希望是一种伟大的精神力量。一个人，即使一无所有、身陷绝境，只要他有希望，他也能拥有一切。
>
> ——卡耐基写给女人的幸福箴言

莎士比亚笔下的哈姆雷特大声喊出了"女人啊，你的名字是弱者"，从此，"弱者"就成了女人的代名词。许多女人也深信，自己就是弱者，需要被男人呵护，被宠爱，被圈养。其实，女人本身是很强大的，在这个你追我赶的世界里，有太多的艰难和不幸需要女人承担，不仅要照顾家人，还要努力地在社会打拼。关键是，如果你不强大，谁为你永远遮风挡雨？

正如西蒙·波伏娃所说："女人不是生而为女人，而是变成女人的。"当暴风雨来临的时候，女人要像男人一样奔跑，穿越重重险境。生活中，女人如果自己不勇敢，没人会替你坚强。无论面对什么样的处境，始终相信自己有强大的内心，咬紧牙关，也一定要冲破层层阻碍。

我培训班上有一个叫杰西卡的女士，我觉得她的故事可以给各位女士们一个启示。

杰西卡出身于渥太华一个优越的家庭，可是她却爱上了自小在贫民窟长大的费南德。为了和费南德结婚，杰西卡不顾父母的强烈反对，甚至被扫地出门。结婚的时候，父母没来，她含着眼泪嫁了自己，因为她不想因为物质的享受而错过生命的挚爱。

婚后第二年，孩子出生了，父母依然不允许她和爱人一起回家。

可命运多舛，一家人终于在医院相聚。杰西卡的母亲哭着说："你的命怎么那么苦啊！"杰西卡也哭了，可她却说："不，他的命更苦。"谁都没想到，一向健康的费南德却突然倒在了地板上。

家里条件不好，住院的钱都是借来的，已经做了大大小小许多次手术，他依然昏迷不醒。好不容易走到一起，如今心爱的人却无法答应她的呼唤，她心痛不已，却始终未曾想过放弃。

杰西卡每天都写着日记，希望在费南德醒来后知道发生了什么，她不想让他在记忆上留下空白。每天她都陪在他身边，给他按摩，和他轻声说话，给他洗澡擦身体。她在他耳边轻轻地说："你不能睡着，你答应过我要和我过一辈子……我会一辈子陪着你，无论你变成什么样，我都爱你……"

十六天过去了，费南德依然没有醒来。他的父亲想要放弃，可她没同意，她坚信，他一定会醒过来的。她每天奔波在家和医院，孩子生病时，她还要整夜整夜地守在孩子身边。可是，她没有丝毫怨言，依然那么坚强。朋友关心她的时候，她总是笑着说："我能行。"

在她的呼唤与爱抚下，终于，昏迷了十八天的费南德苏醒了过来，完全恢复了意识，而且能自己吃饭，能说话。她哭了，哭得特别厉害。哭过之后，她又笑了，虽然他的右半身依然不能动，可是比起漫长的煎熬和孤独的等待，她已经非常满意了。她说："没事，一定会康复的。"

见女儿这样坚强勇敢，父母也为她感到骄傲，他们终于接受了女儿的婚姻。当别人问起她有没有后悔过时，她说："路是自己选的，跪着也要走下去。如果换作是他，他一定比我做得更好。"

正像杰西卡一样，内心强大的女人坚强如此，纵然一句话都不说，也可以用那颗强大的心感染周围的人。她们从不哭哭啼啼，也不总是抱怨，更不会遇到一点事情就放弃。她们遇强则强，越是狂风暴雨，越能显示出自己内心的强大。

约瑟夫·爱森鲍尔是一家洗衣店的送货员，他已经在这里干了25年了。可是突然有一天，他被解雇了。他已经快五十岁了，对于他这个年纪，想要找一份新的工作并不容易，何况他没有其他的技能，也没有受过任何特殊的培训。夫妇俩都为将来的日子发愁。恰好此时，有一家面包店想要转让，价钱又合适。但即便如此，他们也要拿出所有的积蓄才能买下这家面包店。

虽然如此，爱森鲍尔太太还是毫不犹豫地买下了这家面包店，她知道，一切才刚刚开始，她有信心把这个面包店经营好。

刚开始时，他们没有钱去雇佣工人，所有的事情都要靠他们夫妇二人。所以，每天爱森鲍尔太太一忙完家务事，其他所有的时间就在面包店里招呼客人，经营着她的小店，经常一站就是十几个小时，累得快要趴下了。但是，他们夫妇咬紧牙关熬过了这段最艰苦的日子。她说："尽管很累，但我非常开心，因为这是给丈夫一个重新创业的机会。现在，我们的面包店经营了五年，生意特别好，我们的收入也提高了。我们非常骄傲。"

很多时候，当丈夫失业了，妻子们总认为丈夫应该承担起家庭的责任，其实她们不明白，自己也可以做得很好，甚至可以改变家庭的生活方式。生活不会总是平坦的大道，当遇到灾难或困难，出现生活困窘的时候，女人也可以做撑起家的顶梁柱。所以，我们要施展出自己的才能，以强大的内心，面对突如其来的危机。因为女人，才是整个家庭的精神支柱。

英国首相布莱尔的母亲年轻时曾经谋得一份不错的工作，那个年代，女人的工作机会并不多，所以她的母亲非常高兴。可正在这时，布莱尔的祖父却病倒了，母亲不得不忍痛放弃自己的工作。得到工作的机会本来就非常不容易，现在放弃了，再加上没有知识，就相当于永远地失去了工作。从此，母亲和大多数普通女人一样，过着平淡而毫无意义的一生，活在男人的阴影里。所以，母亲就把希望寄托在布莱尔姐妹身上。

母亲的遭遇让布莱尔明白，女人要想好好地生活在这个世界上，就必须拥有一份可以养活自己的工作。正如她所说："一个女人，你永远不知道生活前方等待你的是什么，永远都要记住一点，能养活自己至关重要。换句话说，有工作，有一定的经济收入，女人就会自信，这是内心强大的力量源泉。"

女人的内心要变得强大，必须要有自己的工作，有可以养活自己的经济来源，这是女人安身立命、能够优雅地活在世上的基础。即使已经步入了婚姻的殿堂，也要有自己的工作，这样才能与丈夫有平等的地位和权利。就像一位学者曾经说的那样："工作不仅是谋生的手段，也是享受生活的一种载体。"

有时，你可能脆弱得一句话就泪流满面，可有时，选择了坚强，你也会发现自己咬着牙走过了很长的路。唯有自己撑起的天空，才会映出幸福的彩虹。

所以，女人要变得强大，首先要做一个内心坚韧的女人，直面生活的磨难，勇敢地承受着生活中的负担。其次，女人一定要经济独立，要有自己的工作，哪怕这份工作不是很体面，只要自己尽心尽力。工作不仅能给女人带来经济的独立，还可以释放自己的追求，品味到意想不到的快乐，使女人由内而外透着年轻和美丽。

第四章
拥有极致的美：淡定的女人最优雅

女人提升自身魅力的前提之一是必须具备一颗淡定之心。要懂得珍惜并享受生活中那一份淡然的轻盈，从容地越过层层荆棘，并让自己沾满一身幸福的清香。每一个女人都具备这种潜能。

及时修剪心中的欲望

> 很多时候，就是因为欲望，才使人变得贪婪，才使得人生容易招致祸端。一个女人只有做到不贪恋身外之物，才能活得轻松，过得自在，遇事想得开、放得下。这样的女人才会成为一个从容、淡雅的女人，也只有这种能够在宁静中自持的女人，才会随时听见幸福的敲门声。
>
> ——卡耐基写给女人的幸福箴言

列夫·托尔斯泰说："欲望越小，人生就越幸福。"对于女人来说尤其如此。女人要耐得住寂寞，及时修剪自己心中的欲望，不要因为外在的诱惑而迷失自己。

诱惑往往散发着诱人的光芒，或者是昂贵的名牌衣物，或者是豪华的顶级住宅，或者是硕大的钻石，抑或是一份让人沉沦的感情，它们对于女人有着致命的吸引力，让女人情不自禁地心动，难以拒绝。诱惑虽美，但终归是诱惑，一旦被它吸引，一步步沦陷，你就会发现，外在的光芒渐渐消散，只留下空虚与后悔。这些外在的诱惑就如罂粟，虽然色泽艳美，芳香诱人，但却是将你拉入万丈深渊的绳索，而非将你引入天堂的明灯。

据说，在南美洲河流的湿地里，生长着一种奇异的香菇草。当其他的河边草都在努力抢占最肥沃、光照最好的土壤时，它却默默地躲在那些养料稀少的乱石之下的泥土里，将根扎深、扎稳。每当汛期来临，河水迅速上涨，湿地里的许多草类都被无情地冲走，而香菇草却能依靠乱石的保护安然度过危机。女人，也应该做一株耐得住寂寞的香菇草。不管是面对金钱，还是面对感情，都要保持一颗强大的心，这样才能做到：不贪恋、不苛求，守住内心的底线。

现实生活中，处处都是诱惑，对于女人来说更是如此。面对这个灯红酒绿的世界，要如何做才能剪掉自己心中时时涌出的欲望，守住底线呢？

孟买的郊外有一座寺院，寺院的主持法师德高望重，许多人慕名前来求教。一天，寺里来了一位衣衫光鲜、气宇不凡的客人。这位客人是宝莱坞最有名的娱乐大亨，近来，他遇到了一些生意上的难题：由于无限地扩张自己的娱乐版图，资金吃紧，事业陷入低谷。为此，他特此向法师请教一个问题："人怎样才能消除自己的欲望？"法师微微一笑，返身进入内室拿来一把园林剪，对大亨说："施主，请随我来！"

法师把大亨带到寺院外灌木丛生的山坡上，把剪子交给他，说道："您只要能反复修剪同一棵树，您的欲望自然就会消除。"大亨疑惑地接过了剪子，走向一棵灌木，咔嚓咔嚓地剪了起来。半个小时后，法师问他感觉如何。大亨笑笑："身体倒是舒展轻松了不少，可是平时堵在心头的那些欲望好像并没有放下。"法师点点头："刚开始是这样的，经常修剪就好了。"

十天，二十天，三十天……三个月过去了，大亨差不多每隔十天就会来修剪一次灌木，现在那棵灌木已经被修剪成了一只展翅飞翔的大鸟形状。法师问道："现在你是否懂得如何消除欲望？"大亨面带愧色地回答说："可能是我太愚钝了，每次修剪的时候，我能够气定神闲，心无挂碍。可是，从您这里离开，回到我的生活圈子之后，我所有的欲望依然会像往常那样不断地冒出来。"

法师看着大亨指着修剪成型的灌木，对他说："施主，你知道当初我为什么建议你来修剪灌木吗？我是希望每次修剪后，你都能发现，原来剪去的部分，过一段时间又会重新长出来。这就像我们的欲望，你别指望能把它完全消除掉。我们能做的，就是时时修剪它，使它保持在一定的范围内，而不是肆意疯长。欲望一旦被放任，就会像这满坡的灌木丛一样，毫无章法，杂乱不堪。但是，如果我们能经常修剪它们，就能成为一道悦目的风景。你心中最大的欲望来自于对名利的追求，这并没有什么错，但是对于名利，要取之有道，用之有道，要有一定的限度。你追求名利本是希望从中获得乐趣的，但是无止境的追求，只能使它成为你心灵的枷锁。"大亨恍然大悟。

在这个世界，外在诱惑太多，面对诱惑要想做到完全无动于衷是不可能的，而一味地放任欲望肆虐则会将我们推向无底的深渊。正确的做法就是时时修剪自己的欲望，有所为有所不为；在自己的心中划出一条底线，牢牢地守住这条线，将底线之内的诱惑当作鼓励自己积极进取的动力，将底线之外的诱惑看作把自己推入深渊的魔爪；对于合理范围内的诱惑，要取之有道，用之有度。

在现实生活中，许多人常常感到不快乐，最主要的原因就在于面对外在诱惑，产生了太多超出本人能力之外的欲望。我们要想永葆人生的快乐，就要学会抵御那些超出我们能力范围之外的诱惑。如何来做呢？最简单的方法就是"少说多干"。可能有人会说，你少说多干就能保证诱惑不存在了吗？当然不是，诱惑依然存在。我的意思是说，假如你全身心地投入到自己所要做的事情上，外在的诱惑在你心中所占的地位就大大降低了，很可能你已经无暇去顾及它的存在了。另外，天下没有免费的午餐，想要得到任何东西都要付出努力与汗水，当你全身心地为自己的事业奋斗并取得成功时，那些曾经吸引你的诱惑可能已经索然无味或者唾手可得了。对于现在的你来说，它们已经唤不起你强烈的欲望了。

这样，我们就面对另一个问题，我们究竟应该做些什么？自然是尽可能多地做你自己喜欢的事情，只有这样才能吸引你的注意力，让你全身心地投入。女士们，你们中的有些人可能会说，我没有什么喜欢的事情，每天工作已经够烦的了。其实不是，每个人都有自己喜欢的事情，自己擅长的事情，只是你没有发现，没有发掘出自己的潜能而已。所以，第一步你可以先去寻找自己的喜好，慢慢地培养它、塑造它、扶植它，让它生长、开花、结果，从这个过程中你会收到意想不到的快乐。如果你一时找不到自己喜欢的事情，我建议你可以从身边的小事做起。比如说每天练练瑜伽，保持身材的完美；听听音乐，陶冶一下情操；或者是每天为自己认真地做一道菜，来关爱一下自己；甚至于动手收拾一下自己的卧室，为自己创造一个干净整洁的居住环境；整理一下自己的物品，回忆一下自己的过往都未尝不可。做这些实实在在的事情，要比追求那些虚无缥缈、无法得到的东西要充实得多，快乐得多！

人人都有欲望，人人都希望过上更加美好的生活，所以完全消除心中的欲望是不可能的，也是不必要的。对于一个女人来说，面对欲望，要学会修剪它，把它控制在合理的范围内，使它成为自己前进的动力，而不是被它吞噬。一个能够合理控制自己心中欲望的女人，才会给人一种平和、淡然的感觉，才会过得舒心、坦然。心灵被欲望所束缚的女人，永远给人一种咄咄逼人、浑身紧绷的感觉，她时时为夺取某种东西准备着，而忘记了过好当下的生活才是最重要的。

妥协是一种前进的艺术

一个学会适当做出妥协的女人，是一个聪明的女人。因为她明白，妥协不是简单的让步和放弃，而是为了更好地前进。无论面对工作还是生活，我们做出妥协不仅是为了安定团结，而且还潜藏着一种坚持，这种坚持可以被理解为一种坚定的决心——无论怎样，我们都要把事情做成；无论怎样，我们都要把日子过好。

——卡耐基写给女人的幸福箴言

埃尔维修说："人们总是认为，与他的观点有分歧的任何人都是坏人；与他的观点有分歧的任何书都是坏书。"大多数时候，我们都固执地相信自己的想法是准确无误的，而对他人的意见充耳不闻。

说实话，一个人不可能任何时候做的任何事情都是正确的，很多时候我们需要倾听别人的意见，来改变自己的作为。

一个固执己见、事事计较、凡事都要争个高低的女人，并不受人欢迎。面对别人的意见、指责或是批评，她会觉得所有的人都在针对她，和她过不去。实际上这只是你心中的固执在作怪，当你的思想有了改变，你感受到的一切外部事件都会随着你的改变而发生改变。很自然地，当你不能接受别人的意见时，你就会固执己见，听不进可吸纳的意见，不能正视事情的本源，你会认为别人都在针对你，这时你就失去了解决问题的方法与机会。反之，当你改变自己的想法，虚心倾听别人的意见，改变自己的观念，做出合理判断，你就会发现所谓他人的固执己见其实来源于自己的偏见。

所以，很多时候，一个女人要学会妥协，学会退让。

你或许会说，妥协、退让，这不是一种失败的表现吗？这不是一种对坚持的藐视吗？

当然不是，对于原则性的问题，我们的确应该坚持，但是对于一些无关紧要的小事情，我们为什么非要和别人争论得面红耳赤、反目成仇呢？即使你最终赢了对方，但是又有什么意义呢？你会感到更高兴吗？对于原则性的问题，我们是要坚持，但是坚持并不代表固执。适当地改变自己的措辞、态度、方式，适当地放低姿态，可能会取得更好的效果，表面上看这是一种退让，实际上更是一种前进。

我曾经遇到过一个非常年轻而且有才华的服装设计师，她为当年的时装展设计了一系列很有新意的服装，引起了巨大的轰动。我问她作为一个优秀的服装设计师最重要的素质是什么？她说："是妥协。如果没有妥协，就不会有任何新款问世。"这让我大吃一惊，我以为她会强调创造和个性之类的东西，哪里想到她会说出"妥协"。我说："别开玩笑了，一定是别的东西。""不"，她直视着我的眼睛说，"就是妥协。设计一款衣服，设计者拥有自己独特的理念，但是，同时也要考虑到顾客的需求，商业上的追求。一件成功的服装要将三者融合在一起，这个过程也就是自己的理念不断向现实妥协的过程。"我承认她说得很有道理，但是她这种妥协并非没有原则的唯唯诺诺，而是建立在自知之明的基础上，她明白自己的理念很重要，但是顾客的需求、商业的追求就不重要吗？毕竟，衣服的最终价值是需要有人将它买回家、穿上它，而不是挂在橱窗中让人欣赏。试想一下，如果这位设计师只是一味地坚持自己的设计理念，不做丝毫的妥协，能有今天的成功吗？

实际上，欧洲一些企业在提拔主管的时候通常会考虑一个人的婚姻状况。这是因为他们认为结婚的人比未婚的人更懂得妥协。一桩婚姻要想持久就得学会自己给自己搬梯子，找台阶，面对生活中的摩擦，必须要学会妥协、退让。否则，真要僵住了，双方互不退让，日子也就过不下去了。不管是工作，还是婚姻生活都是如此。

有一对新人，结婚不久，夫妻打算给居室挑一些时尚漂亮的墙纸，可两人喜欢的风格大相径庭。妻子喜欢流行色，丈夫喜欢复古款，为此，两人在柜台前争论不休。此时，妻子突然灵机一动，不再坚持自己的观点，而是建议采取折中的办法。她说："我们商量一下，好吗？"一场夫妻间的危机悄悄地化解了。假如夫妻二人都固执地坚持己见，后果可想而知。长期积累下去，婚姻只能以结束告终。就像婚姻专家所讲，在婚姻中，一定要有一方主动示弱，然后包容，帮助彼此成长，经历了这个过程，婚姻关系才能更加稳固。

一个聪明的女人，不管是在事业上还是在婚姻中都要学会适当地妥协。当然，妥协不是听之任之，也不是怯懦、放纵的代名词。妥协是有原则的，在合理的范围之内是宽容、忍耐、坚韧，是成熟、冷静、理智、心胸豁达的表现。超出这个范围，无限地妥协就是一种胆怯、懦弱。所以最重要的是要把握住这个度。

如何把握这个"度"呢？面对一件事情的时候，你不妨问问自己："这件事情对于我来说是不是很重要？如果不按我的要求做对于我的生活有什么损失？如果按照对方的要求做对我又有哪些好处？损失与收益哪个更大？"如果这一切你都想明白了，那么，聪明的女士，你一定知道自己应该如何去做了。

其实，自尊与卑微仅仅相差一步，差的不是别的，就是你的内心。世界因宽容、体谅而和谐，人生因宽容、体谅而精彩。

在英国威斯敏斯特教堂的地下室，圣公会主教的墓碑上写着这样的一段话："当我年轻的时候，我梦想改变整个世界。当我渐渐成熟明智的时候，我发现这个世界是不可能改变的，于是我将眼光放得短浅了一些，那就只改变我的国家吧！但是这也似乎很难。当我到了迟暮之年，抱着最后一丝希望，我决定只改变我的家庭、我亲近的人——但是，唉！他们根本不接受改变。现在在我临终之际，我才突然意识到：如果起初我做出足够让步，从改变自己开始，接着我就可以改变我的家人。然后，在他们的激发和鼓励下，我也许就能改变我的国家。再接下来，谁知道呢，或许我连整个世界都可以改变，可惜我明白得太晚了。"

当我们没有能力去改变环境的时候，尤其是环境不利于我们的时候，就改变自己，这是一种妥协，更是一种智慧，一种策略。因为适者生存的丛林法则在人类历史上，从未改变过，只有主动适应环境，才能收获成功，获得进步。人生就是一边做着选择，一边不断与自己讨价还价的过程。哪里有交易，哪里就有妥协，而善意的妥协是美好生活的源泉。

花点时间调整自己

生活不会事事如你所愿，欢乐、高兴会有，悲伤、痛苦也有。一个淡定的女人，每天都会抽出几分钟的时间，来调整自己的心态，将痛苦清理掉，将压力化解掉，以积极乐观的心态来面对新的一天，轻松上阵。其实，生活中的大部分烦恼都与心态有关，心态调整好了，许多问题也就迎刃而解了。

——卡耐基写给女人的幸福箴言

女士们，你们有没有这样的感觉，每过一段时间就会无缘无故地情绪低落，做任何事情都提不起兴趣，干什么事情都没精打采，即使是以前自己十分喜欢的事情。女士们，你们可要注意了，这是身体发出的信号：你是不是最近压力太大了？心情过于紧张了？身体在告诉你，是时候花点时间来调整一下自己了。

女人不要让自己过得太疲惫，因为这种疲惫不仅表现在心理上，也会表现在外表上。它使人面目无光，容颜憔悴，皮肤松弛，迅速衰老。说到底，疲惫是一种心态，如果我们学会调整自己的心态，相信我们都会过得很好，也就会拥有保持青春的能力。

生活中总是困扰太多，快乐太少。我们时常会因为各种各样的事情而受到打击，心灰意冷；我们会为自己无意中犯的错误而愧疚、自责；我们也会为自己因为某件事情没有做到尽善尽美而懊恼、后悔。这些负面情绪长期积压在我们心里，得不到释放，自然会感到疲惫。许多人之所以过着忧郁、贫乏的生活，原因之一便是他们不能从那些使自己精神失调、恼怒、痛苦和担忧的事情中解放出来，因而他们无法使自己的精神获得和谐。所以，女士们，你们要学会调整自己，使心态保持在和谐的状态。

和谐意味着一种平衡，意味着一切心理功能的绝对健康。当我们的身心处于和谐状态时，我们的整个精神状态、我们所有的身体器官与新陈代谢过程保持着协调，我们处于最佳状态。但这种和谐很脆弱，它会因为常常出现的摩擦冲突而受到破坏。这就需要我们时时来调整自己，增加润滑剂，使这些摩擦能顺利通过。

在日常生活中，许多聪明人在保持自己和谐这一重大精神事务上往往非常短视、无知。许多白天历经疲倦和失调的上班族，到了晚上发现自己简直完全累垮了，除了睡觉，什么都不想干。其实，上班之前，如果他们舍得花一点儿时间好好地调整自己，就会事半功倍，回家时依然会精神焕发。如果一个早上去上班的人感到心理疲倦，对工作充满厌恶，对一切都怀有一种抵触心理，那么一整天他都是在浪费精力，他不可能收到事半功倍的效果。反之，如果上班之前，他调整好了自己的心态，他热情地与同事们打着招呼，工作让他充满热情与挑战，那么这一天对于他来说就是美好的一天。

下面的问题就是，我们应该怎样调整自己，使其保持最佳状态呢？女性朋友们不妨听听我的朋友苏菲的故事，或许你会从中得到一些好的建议。

　　苏菲和她的女儿住在得克萨斯州的一个小镇上，是一家商店的老板。不仅要照顾家庭，还要照顾生意，这常常使苏菲感到力不从心，每天生活在烦恼与压力中。丈夫抱怨苏菲，说她的脸每天都绷得紧紧的，没有任何生气；女儿甚至说苏菲像僵尸，上学前不愿亲吻她；连苏菲自己都失去了照镜子的勇气，镜面反射出来的那个面部表情僵硬，一脸苍老的女人真的是自己吗？

　　不能再这样下去了，苏菲告诉自己，她决定改变自己这种状态，既然商店还要开下去，日子也要过下去，自己为什么不以一种全新的、愉快的心情面对呢？回到商店后，苏菲行动起来，她深吸了一口气，在心中一遍又一遍地对自己说："今天是美好的一天，苏菲请微笑着面对每一个人。这一切没什么大不了的。"她对着商店的镜子练习微笑，刚开始笑容有点僵硬，但慢慢地自然起来。就这样，苏菲微笑着和每一位顾客打招呼，态度亲切，顾客们也以同样的态度回报她。一整天，苏菲都怀着愉快的心情在商店工作，并将这种好心情带到了家里。当丈夫上班回来，看到苏菲一边扭动身体跳着舞，一边把大衣挂在衣柜里时，他主动上前拥抱了她；女儿珍妮也给了她一个甜甜的吻，并称赞道，妈妈，你今天真漂亮！现在，苏菲感觉到放松心情的好处了。每天一早起床，她就对着镜子中的自己说："苏菲，加油，新的一天到来了，将今天以前的不愉快通通忘掉，高兴地迎接这个美好的日子吧！"随着心情的改变，苏菲发现了许多一直以来被自己忽视掉的幸福，也发现原来许多烦恼都是自己沮丧心情的投影，当心情充满阳光的时候，它们也就消散地无影无踪了。

　　研究发现，人类百分之七十的烦恼都与心情有关。在生活中，我们常会有各种沉重的负担。这些负担会压迫你的心灵，限制你的行动。如果心理负担过重，生活就会变得枯燥、单调、步履维艰。但是，当我们调整心态，放松心情，以一种全新的态度来面对，生活就会变得美好很多。

　　面对日常生活中的压力，我们固然可以适时地调整心态来很好地适应，但是面对失恋、死亡、离婚……这些人生中的重大事件，我们又该如何调整心态，消除压力呢？

　　这些痛苦就像是我们身体中的"死结"，如不及时清理疏通，就会殃及我们的健康甚至生命，但要完全清理掉，又很难。然而，无论多么痛苦，我们都可以把它看作是人生中的一个插曲，这个片段中的感情色彩是悲是喜，由我们自己来决定。

　　妮可刚结婚不久，丈夫便在一次航空事故中去世了。妮可失魂落魄地赶到医院，见到的是丈夫冰凉的尸体。谁知，刚料理完丈夫的后事，妮可又不幸被检查出患有乳腺癌。

　　朋友们得知妮可的消息后，担心她承受不住压力，想不开，便决定晚上轮流陪她过夜。然而，出人意料的是，朋友们发现妮可并不像她们想象的那样悲观、憔悴。相反，她把一个人的日子过得有滋有味。

　　朋友们疑惑地问妮可是如何做到的？妮可一脸浅笑，平静地说："生命是脆弱的，它承受不了太多痛苦的记忆，所以，忘却一些不快乐的记忆也是一种幸福。让有快乐往事的人永远记着快乐，让有痛苦往事的人永远忘却痛苦，生活会因此而丰富起来。所以，我总是选择将痛苦遗忘，只留下美好的事情。"

　　妮可是一位懂得生活的女子。她知道痛苦是一种病毒，若不及时对它进行处理，它会肆虐地蔓延，毁了自己的生活。对于我们来说也是如此。女士们，你们可以每天或是每周抽出一点时间，来审视自己的内心，想想自己最近的烦恼、压力是什么。如果行动可以改变这一切，那就行动起来，将烦恼、压力消除掉。如果这一切已然发生，无法改变，那么就将痛苦、烦恼统统抛弃，将心态调整到最佳状态，也就是和谐的状态，以一种平和、愉快的心情来面对，以便继续前行。

从容处理每一件事

你想学习画画，你想学习瑜伽，你想学习音乐，你想写小说……可是你从来没有行动过。你常常回复道，每天要上班，要照顾孩子，哪里有时间，以后再说吧。可是这个以后遥遥无期，画画、瑜伽、音乐、小说……永远只是梦想。

不要再说你没有时间，这些都只是借口而已。看看那些全国最忙碌的女性的时间表，看看她们如何度过自己一天二十四个小时，你就说不出这样的话了。罗斯福总统夫人的日程表每天都没有一点空闲——在各地演讲、出席各种晚会、参加社区慈善活动、接受采访、抽空写作……许多比她年轻的女性也很难完成这些繁重的工作。我曾在纽约采访过她，在她参加民主党集会的空隙时间。当我问她是如何在一天之内完成如此多的工作量时，她简单而清晰地回答："我珍惜哪怕一点点的时间。"她告诉我，每天天不亮，她就要起床，一直工作到深夜。她会利用约会或会议之间的空余时间来写那些在报纸专栏上发表的文章。

和罗斯福夫人一样，我们每个人都拥有二十四个小时，那么，我们是怎么度过这一天的呢？

保罗·珀派罗博士在他的著作《怎样创造婚姻生活》中写道："很多家庭主妇都认为，她们的时间都用在做家务上了，有这种想法的女性应该自我检讨一下。如果她们将她一星期内的时间安排详细地记录下来的话，她一定会大吃一惊的。"你可以听从保罗·珀派罗博士的建议，试着记录一下自己每天做过的事情，看看实际情况是怎样的。如果你如实记录下来，你就会惊讶地发现，这样的记录实在是太多了："十点至十点半，与米歇尔打电话讲八卦""下午一点至两点，和隔壁邻居闲聊""上午八点至下午三点，和黛西逛街，但什么也没买，只是吃了一顿饭"。在你记录了一个星期后，你就会清楚地发现，自己是怎样在日常生活中不知不觉地浪费掉大把的时间，去做没有任何意义的事情，比如无意义的闲聊，一次次地去买本来只需一次就能买完的东西等。所以，拜托，以后千万不要说自己没有时间，你只是没有学会如何高效地利用时间而已。你需要的是一份如何高效利用空余时间的计划表以及认真地执行它。

坐地铁的时间、等公交的时间、等待与人约会的时间……这些都是可以利用的空余时间，千万不要小看这些时间。被称为"万事通"的约·期尔兰先生，就特别擅长利用这些时间，人们总是看见他在乘坐地铁的时候，全神贯注地看《济慈诗集》或是一些专业类型的论文。我认识一个女性作家，她常常在美容院的冷气机下看相关资料，利用孩子们午睡后的空闲时间写作，利用修剪草坪的时间听音乐。她说，如果把书放在化妆台上，我就可以趁着每天晚上化妆的时候看完它。

你想学习画画吗？你想学习瑜伽吗？你想学习音乐吗？你想写小说吗？快把这些空档利用起来吧，别说自己没时间了。

也许，你已经发现，那些负责家长教师联谊会的人、那些地方社团的负责人，她们应该是你身边最繁忙的人，可是看上去她们好像做任何事情都不慌不忙，相当从容。她们不但将自己的本职工作做得很好，周末还有闲暇时间和丈夫孩子一起去郊游、钓鱼。她们是怎么完成那么多事情的呢？她们的秘诀是什么？其实很简单，她们只不过是合理地安排了自己的时间罢了。

我的朋友格蕾丝十分擅长高效利用时间。平时，她既要照顾三个孩子，打理家务，还要做她丈夫的秘书、会计、人事经理和研究助理，同时还在地方社团和教师家长的联谊会担任重要的工作，她在写给我的信中讲了自己是如何做到这些：

"当我给孩子们热牛奶的时候，同时收拾屋子；当我给孩子们讲故事的时候，随手将洗好的衣服折叠整齐。只要安排得当，很多事情是可以同时完成的，这就是我工作高效的秘密：用最少的时间完成必需的工作，然后空出更多的时间做自己想做的事。有时，我和丈夫会把所有的事情都搁置一旁，而集中精力去做一件特殊的事。因为我们制订的工作计划不是死板的，而是很有弹性的。在共同的工作中，我们分享彼此的看法，拓展自己的视野，所以，我们生活多彩多姿，过得非常幸福。"

这里有一些高效利用时间的小方法，你可以试着来做一下：

1. **至少花一星期时间真实地记录你每天使用时间的情况，找出自己浪费时间的关键所在。**

2. **每周都要制订出下周的工作计划。**

合理安排每一个工作时间，让自己远离神经紧张、头昏脑涨的状态。也许有时会发生意外的事，这就需要你的计划有一定的弹性，可以根据情况做出调整。

3. **制订出高效工作的方法，用相同的时间做双倍的工作，提高自己的工作效率。**

就像格蕾丝所做的那样，当你煮咖啡的时候，可以同时做些家务；当你收拾草坪的时候，听着外语教学磁带；当你带着孩子在公园玩耍时，可以坐在长椅上做些编织工作。

4. 高效地利用你每天"浪费掉的时间"。

现在就去做一个计划，找出每天你浪费的时间，看看它们适合用来干哪些你想做但没时间做的事情，利用这些时间来完成。

5. 充分利用现代化的高效方法。

如果花一下午的时间去逛街买回本来可以邮购或电话订购的东西就是纯粹浪费时间，所以充分利用现代化的技术也是节约时间的好方法。

6. 当你需要全神贯注地做一件事时，要尽量避免不必要的打扰。

比如突如其来的电话或门铃声，你要学会暂时不予理睬，集中精力在你所做的事情上。

亚尔罗德·白利在《怎样充分利用二十四小时》一书中写道："啊，每一天的时间都是上帝赐予我们的奇迹……当你清晨醒来时，就像变魔术一样。在你的生命里，你就拥有了尚未使用的二十四小时！它只属于你，是你最宝贵的财富。"

时间对我们每个人都是公平的，最重要的就在于你如何抓住每天的二十四个小时，使其过得有意义。浪费时间比浪费金钱更可悲，因为金钱可以再赚来，但是时间一旦流失就不会回来。所以，一个聪明的女人要学会有效地利用自己的时间，从容处理每件事情，让一切都在自己的掌控之中。

宽恕是女人对自己最大的解放

> 宽恕他人，从某种意义上说就是对自己最大的宽恕。讨厌一个人或是恨一个人都是花费力气与时间的事情，放宽心胸，适时地去宽恕他人，你的内心才不会被各种烦恼所束缚，你也会获得更多的快乐。
>
> ——卡耐基写给女人的幸福箴言

你是喜欢一个斤斤计较、得理不饶人的人，还是喜欢一个能够原谅他人、给人机会的人？毫无疑问，你喜欢后者。那么，要想成为一个被人喜欢的女人，你就应该成为后者。

卡里尔说："伟人之所以伟大，就在于他们宽容和体谅普通人。"许多伟人之所以受到人们的爱戴，很大程度上是因为他们具有宽容的美德。对于普通女性而言，具有宽容的美德会使她更有亲和力，更加吸引人，更容易受到大家的喜爱与欢迎。

或许你会觉得，面对一个人的错误，采取宽容的态度会使你看起来有点懦弱，其实不然。宽容要比批评有力得多。即使是世界上最笨的人也会批评、咒骂、抱怨他人，但并不是每个人都能学会体谅和宽容他人的，只有拥有成熟人格的人才能如此。

毫不留情地严厉批评一个人，即使你的本意是为对方着想，即使你批评得完全正确，即使对方赞同你的观点，但是在内心还是会记恨你。因为，与其说人是一种理性动物，还不如说人是一种充满感情、偏见和虚荣的动物更为恰当。尖刻的批评会伤害他们虚荣心与自尊心，尤其是其他人在场的情况下，更是如此。这时候，你的批评不会真正地触动他的内心，反而给自己埋下了隐患。相反，如果你采取了一种宽容的态度，承认自己的做法也不够恰当、理智，自己也负有一定的责任，希望双方可以相互理解，不再犯同样的错误。同时，一起将这些不愉快忘掉，一如既往地相处下去。这种做法反而会令对方更加容易接受。

　　我们也可以换个角度来看这个问题。如果我们恨我们的仇敌，不肯去宽恕他们，就相当于让他们变相地胜利了。因为仇恨也是需要力气的，它使我们睡不好觉、吃不下饭，我们的健康和快乐会因此受到影响。我们为什么要用自己的不快乐来为他人的错误埋单呢？所以，宽恕别人是对自己最大的解放。一个懂得宽恕他人的女人，即使容貌不够漂亮，也会因为这种美德而浑身散发出迷人的魅力。

　　艾玛是我认识的一位公立小学教师，学校的孩子大多是因为付不起昂贵的私立学校学费才选择来这所学校的，孩子们的学习成绩并不理想。艾玛想做一个好老师，她想提高孩子们的学习成绩，也许严格要求他们才是唯一的办法。为此，艾玛每天都板着脸，不露半点笑容，如果哪个孩子犯了错误，艾玛会严厉地批评他，决不轻饶。但是，收效甚微，孩子们拘谨而胆怯，甚至害怕和艾玛说话。

　　这样的局面是艾玛没有料到的，为此，她感到很泄气，觉得自己就像一个萎靡不振的失败者，渐渐地，她对自己的工作失去了信心，生活也不开心。

　　有一天，艾玛在电视上看到一位名人的访谈，讲到自己的成功之道时，他提到了"宽恕"这个词。艾玛想，也许我的问题就在这里，假如我对孩子们少一些批评，多原谅一些他们的错误，对他们多一些关怀，多一些赞扬，情况是不是就能好转呢？于是，她决定试一下。

周一的早晨，艾玛换了一身充满活力的鲜艳衣服，将发髻扎成高高的马尾，满脸笑容地走进学校。在走向教室的小路上，艾玛还在全神贯注地想着这个新设想，兴奋不已。突然，一个足球从后面飞过来，狠狠地击在她的后背上，她吓了一跳，回过头来一看，原来是班上的调皮鬼迈克干的。迈克完全吓傻了，都忘了把球从地上捡起来，看着艾玛说不出一句话来。要是在以前，艾玛肯定会狠狠地训他一顿，但今天她告诉自己这是个全新的开始，要少批评孩子们，多原谅他们。艾玛轻松地耸了一下肩，表示不介意，温柔地提醒迈克，以后踢球的时候可要小心点，以防再踢到别人身上。迈克说了句"对不起"便跑开了。

在课堂上，艾玛也改变了自己一向严厉的态度，她没有过分地指责孩子们的坐姿是不是端正，回答的问题是不是正确，是不是在全神贯注地听她讲课。更让孩子们惊讶的是，她甚至没有批评没能按时交出作业的捣蛋鬼保罗，她只是笑着说相信他一定能在下次把作业交上来。就这样，她用乐观而宽容的心态和孩子们过了一天。

放学时，一向羞涩的琼对艾玛说："老师，你今天好漂亮啊！"艾玛自己也感觉到了，她似乎从来没有像今天这样开心，她充满了自信，她热爱自己的工作。事实证明，艾玛的改变是成功的：学生们全神贯注地听她讲课，回答问题准确而敏捷，喜欢和她交流了，他们的成绩也提高了许多。这让艾玛明白了一个道理，那就是：宽容要比严厉强大得多，人要以宽容之心对待别人。

如果你想像艾玛一样，拥有一颗宽容的心，这里有条不错的建议。德军有一条实行已久的军规："当你对一些事十分不满时，你不能立即表示出来。你一定要忍耐一晚上，等相信可以让那些唠叨的父母、喋喋不休的妻子、挑剔的雇主和一些故意刁难的人变得心平气和起来，许多事端就不会发生。"古老的中国有句话叫作"三思而后行"，说的是同样的道理。如果你想批评别人，你就想一下自己是否会犯这样的错误，假如你做了同样的事情，别人批评你时，你会怎样？我们不得不承认这样一个事实，无论对方是否做错，面对别人的批评，都会竭力为自己的行为寻找借口，甚至会反过来挑剔你的毛病。所以，每当你要批评别人的时候，不妨想想迷尔瓦基警察局曾发出的这个通告："如果一个自私的人想占你的便宜，不要去理会，更不要报复。如果你一直想跟他分个高低，那么，你伤害不了他多少，只能伤害你自己……"

批评别人最终伤害的只是自己而已。因为怨恨，许多女人的脸上过早地生出了皱纹，她们表情呆滞，皮肤松弛，美丽的面孔变了样子。因为怨恨，她们的面孔上长期笼罩着阴郁的表情，让人不易接近。所以，如果一个女人想要保持美丽，让心中充满宽容与爱是最好的美容方式。

宽恕别人就是将你从怨恨、不满中解脱出来，将你从伤人与自伤中解脱出来。女士们，请宽恕你的敌人，这也是对你自己最大的解放。

学会控制自己的情绪

一个淡定的女人要学会控制自己的情绪，成为情绪的主人，而不是情绪的奴隶。你可以练习一些控制情绪的小技巧，时常保持一种积极、乐观、向上的情绪，这样你的生活中才会有更多的笑声。

——卡耐基写给女人的幸福箴言

相比男性而言，女性更容易被自己的情绪所控制，从而做出不恰当的行为，基于这点，很多时候女性被称为是情绪化的动物。

在生活中，我们常看到很多女士被自己的情绪所拖累，她们成为情绪的奴隶，她们不断地抱怨降临在自己身上的烦恼、压力、失落、苦闷、痛苦，似乎全世界的不幸都找上了自己。她们抱怨着这个世界的不公，她们祈祷快乐可以早一天降到自己的身上。

尽管她们知道控制情绪的重要性，知道自己不应该如此自怨自艾下去，也明白每天为那些已经发生或者不可能发生的事情烦恼，对自己、对他人没有任何益处，这样做只是在不断地折磨自己，折磨他人，使自己的生活一团糟，但她们就是无法控制自己的情绪，走出情绪的陷阱。

我还记得我的第一个秘书露西小姐。她刚刚走出大学校门，当我的秘书是她的第一份工作。她是一位十分聪明的小姑娘，工作能力很强，待人热情，对工作充满干劲。然而露西却有一个非常大的缺点，就是做事太粗心了，常常出现一些小差错，这对于一个秘书来说太不应该了。有一次，我在看文件时发现，她再次粗心地把一份很重要的文件搞错了。这个问题我已经和她谈过多次了，所以这次就狠狠地批评了她一顿。

第二天，当我冷静下来的时候，我觉得自己的做法有些不妥，于是向露西道了歉。我以为这件事很快就会过去，露西会做得更好。然而事实却并非如此，露西从此变得一蹶不振，她的工作更是频频出错。不仅这样，我还发现她在工作的时候常常心不在焉，有时候我连叫几声她都听不见，以前那个热情开朗的露西消失不见了。我不知道露西到底是怎么了，难道仅仅是因为我批评了她？不，我觉得不是，因为被别人批评是一件很平常的事，不应该给她造成这么大的影响。

几天以后，露西的母亲给我打来电话，问我露西最近是不是出了什么事。我把露西的工作情况简单讲了一下，并问她是如何知道的。露西的母亲说露西最近变得不爱讲话了，而且还非常容易发脾气，常常因为一件小事就和父母大吵一架。我似乎已经明白了其中的原因，于是挂掉电话以后，我把露西叫到了办公室。

我问露西："有什么事情是我可以帮助你的吗？我觉得你最近的情绪不太好。如果是上次我批评你的原因，我再次为那天的行为向你道歉，我当时没有控制住自己的脾气。真是对不起！"

露西说："不，卡耐基先生，这和您没有什么关系，是我自己的问题。即使您今天不找我，我也打算向您辞职。自从您上次批评了我之后，我觉得我失去了信心，做每件事情都无法集中注意力，老是担心出错。可是，我越是担心，出错的频率就越高，虽然每天我都累得要命，但是工作反而不如以前做得好了。不光这样，每天回到家里，我都感觉心力交瘁，累得不愿意和父母讲话，而且心情烦躁，常常因为一点小事和父母吵架，结果心情更加不好。对不起，卡耐基先生，我已经无法胜任我的工作了，因此我决定辞职。"

老实讲，当时我真的很想帮助露西，出现这种情况我应该负一定的责任，可是当时的我并不知道应该怎样去做。我唯一能做的就是答应露西的辞职请求。

现在看来，露西这种情况属于典型的情绪失控。情绪作为一种重要的心理活动，它和我们的学习、工作、生活等各个方面都息息相关。如果一个人的情绪是积极的、乐观的、向上的，那么这无疑将有利于他的身心健康，帮助他更好地工作与学习，使他的生活充满更多的快乐。反过来，如果一个人的情绪是消极的、悲观的、不思进取的，那么这无疑会影响到他的身心健康，对他的工作与学习产生阻碍作用，他的生活也不会有太多的快乐可言。因此，女士们，你们应该主宰自己的情绪，成为情绪的主人，而不要被情绪所控制，成为它的奴隶。

亚里士多德曾说过："每个人都会生气，这确实不费力气，然而要能适时适所，以适当方式对适当的对象恰如其分地生气，可就实属不易。"所以，女士们，你们首先一定要给自己这样的信念：我相信自己一定可以摆脱情绪的控制，无论如何我都要试一试。只有你拥有了这种主动性，才会产生真正战胜情绪的可能性。

要成为情绪的主人，首先就要了解情绪。这就需要觉察自我情绪，同时能觉察他人的情绪，进而能管理自己的情绪，以崭新的心情面对人生。这里有专家们为常受情绪困扰的人提出的一些小建议，你不妨试试。

1. 感受快乐。

快乐是属于我们每一个人的，它和物质财富的多寡并没有实质性的关系。快乐是一种心理感受，只要你能感觉得到，就能享受得到。快乐其实很简单，也很容易得到，只要你对别人怀有一颗宽容的心，对生活怀有一颗感恩的心，拥有一双发现美的眼睛，你就会在每件小事中感知到快乐，享受到快乐。实际上，很多时候痛苦和快乐是相伴相生的，即使是面对痛苦，从中寻找，你也会发现隐藏在其中的快乐。比如悲伤时忽然看到春天枝头的一朵小花，路边孩子们开心的笑脸……这些事情可能微不足道，但是却会给我们美的体验，让我们感到快乐，关键就在于你要善于发现。

2. 冷却或转移注意力。

当你遇到一件让自己气愤或是发狂的事情时，这里有两种方法可以来帮助你来改变当时的情绪。一种是冷却，将这件事情放到一边，暂时不要去理它，让自己的心情先平静下来。当你怒火中烧时，很难采取任何有效的措施去解决问题，平静下来反而能够发现更加具有建设性的方法。另一种方法则是转移注意力。当心情非常气愤或沮丧时，不妨考虑与家人一起到外面吃顿美餐，或是听一段古典音乐，放松心情，或是其他你喜欢做的事情来转移自己的注意力。其实这两种方法的目的是一样的：暂时把烦恼抛诸脑后，待情绪好转时，再重新出发。

3. 适度表达愤怒。

生气或是沮丧时，不要过度压抑，而应该以适度的方式表达出来。假如任由这些负面情绪在心中堆积，终有一天会爆发出来，落到不可收拾的地步。心理学研究表明，当人的心理处于压抑、烦恼和不快时，需要向人倾诉。这种有节制的发泄，是保持心理健康所必需的。因此，如果你怒不可遏的话，不妨找个亲朋好友谈谈，这对你的身心大有益处，但是请记住，这种发泄一定要适度，千万不要做出过后让自己后悔的事情来。

4. 使用替代想法或理情治疗法。

理情治疗法认为人的理念、想法会主宰他的情绪，倘若消极的、悲观的想法占据了人的思想，情绪就会产生较大的波动。所以，生活中常保持积极的、向上的理念，情绪也会比较稳定。以好的、善的理念代替不好的、不合理的理念是理情治疗法的关键。比如，失恋时，心情非常沮丧，你觉得对方离开你，是由于自己不够漂亮、不够好，假如你沉浸在这种消极的想法中无法自拔，情况只能越来越糟。这时，你可以改变一下想法，认为分手是由于双方性格不合，不适合在一起，而不是由于自己条件不够好，这样想心情就会得到好转，并能重新振奋起来。

总之，如果你想要摆脱情绪的控制，不被自己的情绪所左右，那就需要确立正确的人生态度，不断开拓自己的胸怀，培养自己具有良好的性格、高尚的人生情趣，使心灵不断得到净化。同时，可以运用一些调整情绪的小方法，让自己从不良情绪中摆脱出来。

可以羡慕，但不用嫉妒

> 嫉妒使女人容貌丑陋，语气充满怨恨与悲哀，即使你觉得自己掩饰得很好，也不过是自欺之举。嫉妒使人做出愚蠢行为，且欲盖弥彰只能使自己的卑劣行径更加暴露无遗，令人嫌恶。与其在嫉妒中过日子，不如在崇拜中培养自己，培养自己良好的心态，接受别人的优点，做自己想做的事情，用一颗宽大的心使自己成为一个平凡而有内涵的人。
>
> ——卡耐基写给女人的幸福箴言

嫉妒对于女人来说是一种非常可怕的心理状态与情感。大文豪莎士比亚曾经说过："嫉妒，你使天使变成了魔鬼。"的确是这样。

女人的心中如果隐藏了嫉妒的种子而不加控制，它就会如野草一般疯长，侵占你的整个心灵，让你失去理智，变得疯狂，结果不但会毁了自己，也会殃及家人和朋友。

我曾经在报纸上读过一篇报道，那真是让人悲伤。

姐姐莫兰与妹妹哈莉从小一块长大，关系非常亲密。莫兰温柔而漂亮，男孩子们非常喜欢她。在二十多岁的时候，莫兰遇到了自己心仪的男孩子罗比，两个人非常相爱，甚至要准备结婚了。但是他们两个人不知道的是，妹妹哈莉也暗恋着罗比，她想了很多办法来吸引罗比的注意，但是罗比的目光永远只停留在姐姐的身上。哈莉觉得自己要疯了，她嫉妒姐姐，甚至恨不得把她杀了，她觉得只有这样，罗比的目光才会停留在自己身上。

因为嫉妒，这个疯狂的念头牢牢地控制着她，让她无法思考，"杀了莫兰，杀了莫兰"，这个声音越来越频繁地出现在她的脑海中。终于，她决定付诸行动。

一天，哈莉趁着姐姐不注意，把事先准备好的毒药放在了做蛋糕的面粉中。哈莉以为那是莫兰自己做来吃的，她一向都喜欢吃蛋糕。谁知道，莫兰并没有吃，而是送给了罗比。收到恋人亲手做的蛋糕，罗比很高兴，吃了很多。结果不难想象，罗比当天就离开了人世。

当知道罗比死去的时候，莫兰悲伤万分，发誓再也不会喜欢别人了，她终生未嫁。失去心爱的人，并且还是自己亲手害死的，这让哈莉时时遭受良心的拷问，她不停地做噩梦，身体虚弱，精神不济。这一生，哈莉也未嫁人，她一直与自己的姐姐相依为命，希望以此来赎清自己的罪。莫兰并不知情，她一直觉得是自己拖累了妹妹。姐妹二人就在对双方的愧疚中度过了一生。直到姐姐去世前，哈莉才向姐姐说出了事情的原委，希望得到姐姐的宽恕。

奄奄一息的姐姐用浑浊的眼光看着妹妹说："哈莉，这一生你快乐吗？本来我们都会有更加幸福的生活……哈莉，最重要的不是我能不能宽恕你，而是你自己能不能宽恕自己。"

因为嫉妒，哈莉将自己、莫兰与罗比都带进了不幸的深渊之中。哈莉并没有如愿以偿，反而使自己的一生都在忏悔与愧疚中度过。嫉妒就像魔鬼，它控制着你的灵魂，令你无法正常思考，做出违背常理的事情，过后又万分后悔。可是，这个世界上并没有后悔药可吃，发生的事情也不会重新来过。我们唯一能做的就是阻止它的发生。

看到别人穿着漂亮的礼服、有着帅气的男朋友，或者是看到别人事业很成功，我们的心中常常会想，这些事情要是也发生在自己身上就好了。这并没有什么错，美好的东西人人都会喜欢。这是一种正常的心理状态，我们把它称之为羡慕。羡慕是对幸福的一种认知，对他人的一种祝福。有时候它也是一种动力，看到美好的东西，希望自己也能拥有，看到别人的成功，希望自己也能优秀，这种羡慕会转化为一种前进的动力，通过努力使自己越来越美好。所以，羡慕是一种正能量情绪，推动着我们进步。

嫉妒则是人性的弱点之一，它是一种比较复杂的心理，包含着焦虑、恐惧、悲哀、猜疑、自咎、羞耻、消沉、憎恶、敌意、怨恨、报复等不愉快的情绪。别人天生的身材、容貌和逐日显出来的聪明才智，都可以成为嫉妒的对象；其他如荣誉、地位、成就、财产、威望等有关社会评价的各种因素，也都容易成为嫉妒的对象。相比羡慕，嫉妒则蕴含着对别人幸福的破坏倾向，并对自己所谓的不幸深感无奈。嫉妒，会让人在心中抱怨，凭什么幸福要降临在别人的头上？为什么我要承担这种不幸？嫉妒的人是可恨的，他们不能容忍别人的快乐与优秀，会用各种手段去破坏别人的幸福，他们或者用流言蜚语中伤别人，或者挖空心思采用卑劣的手段破坏别人的幸福。嫉妒的人又是可怜的，因为他们自卑、阴暗，享受不到阳光的美好，体会不到人生的乐趣，他们生活在黑暗的世界中，时时因为别人的成功折磨自己，而忘记了自己的人生之路应该如何前进。嫉妒的人又是可悲的，心灵的疾病会扩散到身体的各处，引起躯体上的不良反应，它是摧毁人性和健康的毒药。

看到朋友穿着一条漂亮的裙子，羡慕的人可能会真诚地说："你的裙子真漂亮。"也有可能会在心中暗暗地说："我要努力工作，这样就有足够的钱来买这样漂亮的裙子了。"但是，嫉妒的人则会想："她还没有我长得漂亮，凭什么穿那么漂亮的裙子。"她可能会趁着朋友不注意将她的新裙子破坏掉。这就是羡慕与嫉妒的区别。

传说有这样一个女人，她幸运地遇见了上帝。上帝告诉她：现在，我可以满足你任何一个愿望，但是前提是你的邻居将会得到双份的报酬。那个女人高兴不已，但是她转念一想：如果我要得到一箱金子，邻居就会得到两箱金子；如果我要得到一栋房子，邻居就会得到两栋房子；如果我要变得十分漂亮，邻居只会变得比我更漂亮……想来想去，那个女人始终不知道应该提什么要求才好，她实在不愿意被邻居占了便宜。最后，她一咬牙，对上帝说："哎，您就挖我一只眼珠吧，这样就得挖邻居两只了。"

故事中的女人由于嫉妒，将自己置身于心灵的地狱中，折磨着自己，最终却一无所得，反而失去了一只眼睛。

世界这么大，我们经常会遇到比自己境况好的人，我们可以羡慕，也可以激励自己好好努力，这是一种正常的反应，但不应该嫉妒。我们要摆正心态，看到自己身上的优点，过属于自己的生活。你有自己的独特性，这是别人夺不走的，不要只是将眼睛盯在别人身上，而忘记了自己。

现代社会发展迅速，贫富差距也很大，对比之下产生不平衡的心理很普遍。女士们，你们要学会平衡自己的心态，使自己过得开心、快乐。

首先你要学会做客观正确的比较。每个人都有自己的优点与缺点，你不能常常把自己的短处与别人的长处作对比。也许别人很有钱，但是相比而言你拥有幸福的家庭，这不是也很重要吗？

其次，心地无私，才能保持心态平衡。心理不平衡主要是由于私心在作怪，觉得自己吃了亏。心地无私是治愈心理不平衡的良药。

再次，激励自己努力。你成功不了只是因为自己不够努力而已，所以不要嫉妒别人了，自己奋起努力吧！

羡慕是我们前进的动力，但是羡慕超过了一定的限度，变为嫉妒的时候，就变成了害人害己的毒药。所以，女士们，你们可要注意了，可以羡慕，但不要嫉妒。当你脑海中冒出这种念头的时候，你不妨回过头，看看身后，告诉自己："我也很优秀！"

追求内心的平静

生活是杯水，聪明的女人会苦中作乐，将它煮成咖啡；愚蠢的女人则把生活熬成苦药，甚至是毒药，亲手将自己的生活埋葬。其实，不论在什么处境下，只要你怀着平和的心态来面对，学会改变，换个角度看问题，生活就会是另一幅画面。

——卡耐基写给女人的幸福箴言

我常常听到人们为各种各样的事情抱怨："工作太无聊了，一点意思也没有""孩子们太淘气了，每天忙来忙去，都要累死了""我工作这么努力，可是工资这么少，连买件大衣都要犹豫好久""丽萨上学的时候学习比我差多了，可就是长得漂亮，结果嫁给了富翁，为什么我还在过苦日子呢"……对生活不满，好像成为我们这个世界的一种通病。

人人都不满，对工作、对家庭、对孩子、对丈夫或是妻子，甚至人们对于生活本身就是不满的。

女士们，你们也常常有这种想法吧？也会时常抱怨这个抱怨那个吧？其实偶尔抱怨一下，发泄一下，也无所谓，可以消除我们心中的负面情绪。但是，真正有效的做法则是，你要学会放下这些负面情绪，来追求一种内心的平静。

我们常常会遭受各种各样的意外，给我们的生活蒙上阴影。我们也会因为这样或是那样琐碎的，甚至是说不出来的理由而心怀不满，忧心忡忡。幸福、快乐好像总是离我们很遥远。为什么别人都看起来那么高兴，而难过却独独属于我呢？

幸福或是灾难不会永远降临在同一个人身上。常常保持快乐的人，是因为他们懂得怎样来调整自己的心态，将那些忧伤、难过、愤怒等不好的情绪通通转化掉，来获得一种心情的平静。

女士们，你们可能现在最关心的问题是如何才能将这些不好的情绪转化掉呢？

我想起了我的朋友凯瑟琳，她是我非常佩服的女性，也许你们会从中受到一些启发。

凯瑟琳现在已经五十多岁了，两年前她的丈夫突发心脏病离开了人世。凯瑟琳对我说："你知道吗？那是我人生中最黑暗的一段时间，爱德华，我的丈夫，在我十七岁的时候我们相识。从那以后，我们就形影不离，三十多年间，我们几乎没有分开过。我们共同孕育了两个可爱的孩子，我们共同构筑了我们的家，我们共同走过了三十多年，并计划着要去全国环游。可是，那么突然，他就离开了我。卡耐基先生，你能体会那种感觉吗？就是天塌下来的感觉，天空中没有太阳的感觉。"

"在最初的几个月，我愤愤不平，怨天尤人，我一遍又一遍问上帝，为什么是爱德华，为什么对我这么残酷？我急剧消瘦，每天蓬头垢面，连皮肤都松弛了许多，孩子们也很担心。我常常想起爱德华。"

"几个月后，孩子们说：'妈妈，你不能再这样下去了，你应该知道，爸爸非常爱你，如果他知道你这样生活着，在天堂他也不会开心的。'孩子们说得很对，我心里也明白，但是想要改变还是很难，但我真的不能这样过日子了。"

"终于，我怀着勉强的心情打扮了一下自己，和孩子们一起出去郊游。在路上，我对孩子们说起，我们曾经打算去各个州旅游。孩子们说，'妈妈，你为什么不自己去呢？爸爸会通过你的眼睛看到这一切的。'那一刻我想为什么不呢？"

"接下来的日子，我为了外出旅游而繁忙起来，忙着规划路程，采购旅行用品，选择旅游景点，预订酒店……在这种繁忙中我逐渐忘记了悲伤，因为有了某种目标而开心起来了。"

"那次旅行对我来说是非常重要的。我一个人在外生活了一年多的时间，我去了我们国家的每个州，看到了各种风景，并且在旅途中认识了许多人，他们都很友好，其中一些还成了我的好朋友。我和他们一起跳舞、聚会、散步，听他们介绍本地的风土人情，这真的让我受益匪浅。我偶尔会想起爱德华，可是我已经不再难过了，看到我过得开心，爱德华也会高兴的。"

"我有了自己新的生活圈子、新的朋友，我找到了新的乐趣。现在每年我都会出去走走，见见朋友，欣赏风景，也顺便采风画画。我年轻的时候很想成为一名画家，可是由于照顾孩子没有时间就放弃了，现在我重新拿起了画笔，感觉到了新生的快乐。也许有一天你会看到我的画展。"

"我现在已经理解了生活。我不会再埋怨上帝，我感谢上帝让我年轻的时候有那么完美的爱情。我们不能指望事事顺心，但可以自己把它过得顺心。我喜欢我现在的生活，因为我已经与生活和解，内心一片平静。"

凯瑟琳说的没错，我们不能指望生活事事顺心，但我们可以把它过得顺心。任何事物都具有两面性，挫折、苦难也许是在给你另一种机会。贝多芬的许多传世经典名曲，是在他耳聋之后创造出来的；玛格丽特摔断了腿，在家写出了著名的《飘》。所以我们应该学会换一种眼光与态度来面对人生的难题。

心理学家阿尔弗雷德·安德尔通过深入研究人类行为和人类潜能后说："人类一个最奇妙的特征，就是具有把负变正的能力。"所以当命运给了你一个柠檬，聪明的人会把它做成一杯柠檬水，傻瓜只会沮丧地说："看，命运如此不公，我别无选择了。"

让我们来看看茱莉亚的故事，看看她是如何将柠檬变为柠檬水的。

茱莉亚的丈夫是位外交官，驻守在非洲的一个国家。为了和丈夫生活在一起，她也搬了过去。茱莉亚后来这样描述自己的这段经历：

"刚到的时候，我非常不喜欢那里的环境，简直可以说是深恶痛绝。那里气候常年干燥、炎热，沙漠也很多，有风的时候，吹得满嘴都是沙子。我也不喜欢本地的食物，太难吃了，我觉得自己每天都在皱着眉头咽下去。本地居民不会讲英语，大部分时间我都觉得很孤单、闷闷不乐。'烦死了'这个单词不停地在我脑海中冒出来。我觉得自己忍受不下去了。

我写信告诉父母，说我再也忍受不了了，一分钟都不想待了，我要回家。父母的回信很简短，只有两行字，但却让我一直铭记：'透过监狱的铁栏，一个人看到了讨厌的烂泥，一个人看到了满天的繁星。'我盯着这两行字看了很久，我决定也要去找到自己的身边的繁星。

既然气候、食物都不是我所能改变的，那我就先改变自己的心态。最起码，我不能在自己的脑子中时时给出它们'糟透了'的评价。我所能改变的是我和当地人们的交流。我开始抛弃自己以往那种不愿接近他们的想法，虽然语言不通，但是我可以学习呀，再说了交流也不仅仅是通过语言。我发现当地人十分朴实好客，他们对我很友好。我参加他们的部落聚会、年轻姑娘的婚礼、民族节日，他们教我做当地的美食、手工编织，还有各种美丽的饰品。我发现了这个国家的美丽之处，喜欢上了这里。您能想象吗？我甚至写出了一本关于本地的图书。

不管是沙漠，还是气候都没有改变，可是我的心态改变了，周围的一切都改变了。我不再烦躁、厌烦，而感到一种平静，一种幸福。那些抱怨已经消失不见了，因为我找到了自己的繁星。"

印第安人有句俗语："上帝给了每一个人一杯水，于是，你从里面饮出了生活。"生活就是这杯水，杯子的华丽与否显示了一个人的贫与富，但杯子里的水，对任何人都一样，重要的是你向水里添加什么。忧愁、悲伤多了，欢乐、幸福就少了。

说到底，幸福、快乐，只是一种感受，和财富、地位没有太多的关系，但与心态关系密切。一个聪明的女人，应该学会将这些不快乐，转化会为快乐，保持平和的心态，而不是不断地怨天尤人，自怨自艾。

第五章
人际交往的关键：
让人们对你"一见钟情"

大多数人缺少一种精妙的能力，一种能突破别人信念壁垒的能力。如果你学会了如何讨得他人的喜欢，并获得他人热忱的合作，那么，你就掌握了发展这种精妙能力的秘诀。

忘却自己，关注他人

德莱塞说："如果你想从人生中获得任何快乐，就不能只顾自己，必须为他人着想。因为快乐源于你为人人、人人为你。"一个自私的女人是没有人喜欢的，人们会喜欢对自己感兴趣的人，而不是只关心自己的人。一个喜欢帮助别人的人必然也会常常得到别人的帮助，因为助人也是助己。

——卡耐基写给女人的幸福箴言

一位哲人说过："给别人一些空间，就是给自己一个世界；给别人一些帮助，就是给自己生机和希望。但是，如果你先前不帮助别人，别人也不会主动帮助你。"

我们处在一个人际社会中，每天无数的人与我们打交道：对门的邻居、公交车上的售票人员、超市的收银员、同事、老板、学校的老师、社区的志愿者……你对待他们的态度怎么样？诗人菲利浦·詹姆斯·贝利曾经写道："人生不是岁月，而是行为。"你待人的方式，也就决定了别人对待你的方式。赠人玫瑰，手有余香。你以微笑面对他人，收获的也将是微笑；你冷冰冰地对待他人，那就不要指望得到热情的回报。

女性身上天生具有一种母性的力量，这种特质使女性怀有一颗怜悯之心，这是很可贵的一点。女性应该保持这种怜悯之情，向困难之中的人伸出援助之手。或许，不少女人会把行善视为一种宏大的举动，其实不然。每一个人如果能够把自己的善念融入日常生活的点点滴滴中，就会给他人带来温暖，同时也滋养自己的心灵。

一个成熟的女人，试着宽容地接纳所有与自己不同的人，处处爱人，处处敬人，不带有任何偏见和轻视。当别人遇到困难或遭遇不幸时，能伸出援助之手，解囊相助，这就是做了一件功德无量的善事，而在帮助他人的过程中，自己也会得到许多。

我们来看看玛格丽特·泰勒·叶慈的经历，她是一位作家。当珍珠港事件发生的时候，叶慈太太因为心脏病的原因已经在床上躺了一年多。一天中有22个小时，她不得不在床上度过，下床走路也不过是到花园中晒晒太阳而已，而且还需要有人搀扶着。叶慈太太觉得自己简直是个废人，生不如死。

可是战争开始后，一切都发生了变化。叶慈太太在一次采访中讲述了那段经历：

"战争开始后，我家附近的公立学校成了军队家属与伤员的临时避难所，红十字会则需要打电话请那些有空余房间的人收容他们。因为我的床边就有一部电话，于是我负责把所有陆军、海军的眷属以及孩子们送往的地方记录下来。同时，红十字会向所有的海军和陆军人员打电话，通知他们，家人分别被安顿到什么地方。

很快，我就知道我的丈夫安然无恙。我努力让那些不知丈夫生死的女人都高兴起来，试着安慰那些已经失去丈夫的女人。伤亡人数在不断增加，我们损失惨重，而我的工作量也越来越大。

开始我躺在床上接电话，后来我就坐起来接听。由于忙碌，我完全不记得自己无法行走的事实，不知不觉下床走到桌子旁。在帮助别人的时候，我忘记了自己。从此，除了正常的睡眠，我再也不用躺在床上虚度光阴了。

如果不是这件事情的发生，我可能下半辈子都会躺在床上度过。我的潜力在这次危机中被激发出来，迫使我转移注意力到别人身上。我再也没有时间去考虑自己或照顾自己，这给了我一个坚持生活的重要理由，也使我重获新生。"

心理学家卡尔·荣格先生说："从生理方面讲，我的病人中大约1/3都不能找到任何病因，病因主要是这些病人找不到生命的意义，而且自怜自艾。"假如他们都向叶慈夫人学习，花更多的时间去帮助别人，而不是过多地关注自己，也许他们会找到生活的意义，自己的心理疾病也就不治而愈了。

你可能会说："我也很乐意做叶慈太太所做的事，可我的生活与她完全不同，并没有那种大事件发生，每天的日子过得平淡无味，工作、休息、吃饭，单调而无聊，一成不变，从来没有任何趣事发生在我身上。我哪里还有兴趣去帮助别人呢？而且帮助他人对我又有什么好处呢？"如果你有这种想法，不妨听听下面这个小故事。

布莱恩·安德森是一个穷困潦倒的人。在一个寒冷昏暗的天气里，他开着自己破旧的庞蒂亚克车在路上行驶着，工作了一天，饥饿、寒冷、疲惫像潮水一样向他涌来。忽然，他发现前方有位老妇人站在路边，旁边是一辆奔驰车，即使车灯如此昏暗，他也知道那位老妇人需要帮助。

虽然很累，布莱恩依然将车停了下来，面带微笑走向那位妇人。他可以看出来，站在寒冷车外的她因为恐惧而发抖。布莱恩上前说道："女士，我是来帮助您的。您为什么不到车里等着呢？那里比较暖和。顺便说一声，我的名字是布莱恩·安德森。"

好在妇人的车只是轮胎瘪了，但是对于一个年老的女人来说，这就够糟糕了。布莱恩爬到车下，没多久就换好了轮胎。当他拧紧手柄的螺母时，老妇人摇下了车窗玻璃，告诉他，自己从圣路易斯过来，途经此地，他这么帮助自己，真是感激不尽。老妇人问他，自己应该付给他多少钱，多少钱对她来说都不为过，如果他不停下来帮助自己，她将会遇到更多的困难。但是布莱恩从没有想过要报酬，他说："如果您真想回报我，那么下次看到别人需要帮助的时候，你伸出援手就可以了。"

驱车走了几英里后，老妇人看到一家小餐馆。她走进去，打算随便吃点东西，暖暖身子驱走严寒，再走完回家的最后一段路程。这是一家灯光昏暗的餐馆，外面有两个破旧的汽油泵。这些场景对她来说很陌生。女服务员走过来，给了她一条干净的毛巾擦拭头发，服务员的笑容非常甜美，即使忙了一整天笑容也没有从她脸上消失。老妇人注意到，她已经有近八个月的身孕，然而，她一点也没有让怀孕的负担改变她的服务态度。

老妇人想，一个自己拥有得如此之少的人，又怎么会这样愿意帮助一个陌生人呢？她想到了布莱恩。用完餐之后，老妇人给了服务员一张100美元的钞票，服务员赶紧去拿要找的零钱，然而老妇人悄悄地走出了门。服务员不知道老妇人去哪里了，这时她发现餐巾纸上写着一些话："你并不欠我什么，如果你真想回报我，那么请你这样做：不要让爱的链条在你这里终结。"读着这些话，女服务员的眼中泛起了泪水。在餐巾纸下，有4张100美元的钞票。

那天夜里，当女服务员下班回家上床睡觉时，她想起了那些钱和那位老妇人写的话。那位老妇人是怎么知道她和丈夫正需要钱呢？下个月宝宝就要出世了，日子会变得很艰难……她知道丈夫有多着急，为了今后的生活，他拼命地工作着。她轻轻地亲了一下躺在身边的丈夫，低声细语地对他说："一切都会好起来的。我爱你，布莱恩。"

爱是链条，当布莱恩向老妇人伸出援手的时候，他没有想到回报，但是助人自助。布莱恩的爱延伸到了自己身上。

不管你的生活多么平淡，每天总要遇到一些人，当你用微笑面对他们，他们也会用热情回报你，为人也是为己，助人也是一种自助。女士们，向那位老妇人一样，将这种帮助他人的爱的链条延续下去吧！

记住别人的名字，这是最甜蜜、最有效的恭维

> 记住别人的姓名，这是拉近双方关系最直接、最简单的方法。对于女性来说更是如此，自然地叫出对方的名字，这暗示着你对他的尊重、重视和微妙的恭维，因为在我们的认识中，我们只会记住自己感兴趣的人的姓名。
>
> ——卡耐基写给女人的幸福箴言

女士们，你们觉得一种最简单、最明显、最重要的获得好感的方法是什么？答案就是记住他人的姓名，使他人感觉到自己对你很重要。

名字是一个人的记号，代表着一个人的一切：荣与辱、成与败、高贵与卑贱……对于一名政治家而言，他要学习的第一课就是：记住选民的名字就是从政之才，忘记就是湮没。因为对于一个人来说，名字是所有语言中最突出、最动听的声音，清清楚楚地把它叫出来，对他就是微妙的恭维和赞美。反过来，如果你忘记那人的姓名，或是叫错了，不但使对方难堪，对你自己也是一种很大的损害。记住他人的名字，这既是一种礼貌，也是一种感情投资。

罗斯福总统就非常擅长这一点，通过牢记别人的名字使对方感觉自己很重要。克莱斯勒汽车公司曾为罗斯福先生特制了一辆汽车，机械师张伯伦将这辆汽车送到了白宫，他在一封信中这样写道：

"当我去白宫访问总统时，总统非常愉快，他叫出了我的名字，这让我感到很自在。'这辆车设计得很完美，'罗斯福总统对周围的人说，'这车真奇妙，你只要一按开关，就可以开动，毫不费力，这车很好，我真想拆开看看，看它是如何运转的。'

　　当他的许多朋友对这辆车表示羡慕时，他当着他们的面说：'张伯伦先生，真的非常感谢你，谢谢你为设计这辆车所费的时间和精力。这真是一件杰出的工程！'他注意到了每个细节，并大加赞赏，他甚至还让他的那位黑人老司机也格外小心，他说：'乔治，你可要好好地照顾这辆车。'

　　我有一位同行的机械师，刚到白宫时，这位机械师曾被介绍给罗斯福总统。他是一个有点害羞的人，总是退缩在后面。尽管他没有和总统说过一句话，而罗斯福总统也只听过一次他的名字，但是当我们离开时，总统和这位机械师握手，并叫出了他的名字，对他来到华盛顿表示感谢。他的这种感谢绝非做出来的，而是出自他的真心诚意。我能感觉到这一点。

　　回到纽约数天后，我收到了罗斯福总统亲笔签名的照片，还附有简短的致谢信，再次对我给他的帮助表示感谢。作为一个国家总统，在百忙之中，罗斯福总统还花时间做这样的事情，让我很感动。"

　　是的，罗斯福总统知道这是一个最简单、最重要的使人获得好感的方法——记住他人的姓名，使人感觉受到了重视。在生活中，我们是怎样做的呢？有一半以上的情形是：我们被介绍给一位陌生人，我们和对方谈了几分钟，可是在分手的时候，连对方的姓名都不记得。不要寻找各种各样的借口了，承认吧，我们大多数人之所以不记得别人的姓名，只是因为我们不想花时间和精力去用心记住。

名字对我们来说是非常重要的。许多人是如此重视他们自己的姓名，因此他们一般都会尽量使之世代延续下去而永垂不朽，有时甚至不惜任何代价。例如，就连脾气暴躁而且富可敌国的R.T.伯纳姆，曾因为没有儿子继承伯纳姆这个姓氏而灰心丧气，以至于许诺：如果他的外孙C.H.凡西雷愿意称自己为"伯纳姆·西雷"的话，他情愿给西雷25000美元。

有钱人也常常出钱资助那些作家、艺术家和音乐家，希望他们的作品能够献给自己。图书馆和博物馆里最有价值的收藏品，常常是由那些担心他们的姓名日后被历史遗忘的人捐赠的。例如，纽约公共图书馆有爱斯德家族与李诺克斯家族的藏书，大都会博物馆则永远保存着本杰明·爱特曼与J. R. 摩根的签名。

名字对一个人来说是如此重要，想一想，假如有人叫错了你的名字或者是与你聊过几次仍然不知道你的名字，你可能会觉得对方不够尊重你、重视你。反之，如果对方见到你能够很自然地叫出你的名字，你是不是有一种被重视、被尊重的感觉。人们的心理是共通的，所以努力记住他人的名字，本身就是一种拉近距离的方法。

要想记住一个人的名字，有时可真是一件困难的事情，尤其是当这个人的名字比较长或是不太好念的时候。你可能在心里说："算了，干脆就叫他的昵称得了，这很容易记住。"可是你想过没有，假如你努力一下，完整地记住了对方的名字，可能会有意想不到的效果。

李维是我的一位同事，他曾经拜访过一位顾客，这位顾客的名字特别难记，叫尼古德马斯·帕帕都拉斯。由于名字太难记，别人都习惯叫他的昵称"尼克"。李维在拜访之前，特别用心记住了他的名字。当见到他的时候，李维用全称和他打招呼，对他说："早上好，尼古德马斯·帕帕都拉斯先生。"他一言不发地站在那里，好几分钟都没有缓过来。最后，他的泪水流了出来，颤抖着地说："李维先生，我在这个国家已经待了15年了，可是从来就没有一个人试着用我真正的名字，像您这样来称呼我！"后面的事情进行得很顺利，李维拿到了很大的一单生意。"你能想象吗？这一切的开始，是因为我牢牢记住了顾客的姓名！他从中看出了我对他的尊重。"李维事后这样对我说。

女士们，你们可能觉得我举的例子都是以男性为主角的，你们也可能会说，我没有参与政治的野心。但是，不管你是从事政治，还是商业，还是在日常的生活中，不管你是男性还是女性，记住别人的名字都是表达善意的一种方法，并且这种方法简单、直接、有效。对于女性来说更是如此，能被一位具有魅力的女性记住自己的名字，这是多么令人鼓舞的事情！

当然，做这些事情需要花费一定的工夫，爱默生说过："有礼貌，是由小小的牺牲换来的"。所以，如果你想要别人喜欢你，对你"一见钟情"，请尽力牢牢记住每个人的姓名。这对他来说是一切语言中最动听、最重要的声音。

责骂是最不明智的做法

> 一般认为，女性要比男性温柔，这是女性的长处之一。所以，不管是对方的咄咄逼人，还是无理取闹，对于女性来说，最好的方法不是责骂、批评，而是以柔克刚，以善意与真诚来化解矛盾。
>
> ——卡耐基写给女人的幸福箴言

每个人都是不完美的，每个人都会犯错误，这也是我们时时需要向上帝忏悔的原因。面对自己的错误，我们习惯于找各种理由来开脱。但是面对别人的错误时，我们又习惯于毫不留情地指责他们。你有没有想过当你喋喋不休指责他人时对方的感受？你那咄咄逼人的口气、敌对的态度，能使对方赞同你的批评吗？这样的女人会受人喜欢吗？

林肯先生说："一滴蜜比一加仑胆汁，能捕到更多的苍蝇。"与人相处中，责骂是最不明智的做法。这一刻你占据了高位，俯视着对方，毫不留情地指出对方的错误。因为激动，你可能口不择言，说出许多伤人的词语。可是对方呢？不会因为你指出他的错误而感激你，只会觉得自己受到了侮辱，你对他缺乏起码的尊重。他不会记得你讲的问题，只会记得你那种咄咄逼人、自以为是的态度。在他的眼里，你更像一个不可理喻的跳梁小丑。相反的，假如你转换一种态度、一种方法，用一种心平气和、平等的态度来交流，是不是能收到更好的效果呢？

伍德夫人是上流社会的社交名人，她喜欢开各种各样的party，邀请各界人士参加。她讲述了自己最近的宴会经历：

"上个月，我邀请了几位政治圈人士与他们的夫人来吃晚饭，他们都是重要的客人，我十分重视这次宴会。因为举办过多次这种活动，我并不担心。我的总招待艾伦，一向都做得很好，我相信他，但这一次却令我大失所望。

晚宴很失败。整个宴会期间，我找不到他，只是看到他派来的侍者在招待大家。这位侍者缺少参加这种宴会的经验，整个过程手忙脚乱，好几次还上错了菜，更糟糕的是肉没有炖烂、水果也不够新鲜，他还忘记了上甜点。我的天呀，我不止一次在心中喊道。但是没有办法，只能这样了，整个晚上我都在强颜欢笑，不断地对自己说，不可能有比这更糟糕的了。等我见到艾伦，一定要给他点颜色看看。

客人离开的时候，我不断地道歉，希望下次能够弥补他们。当天晚上，我都要气炸了，我在心里把艾伦狠狠地骂了一顿。

第二天醒来，我又想起了昨天的事情，心情已经没有那么糟糕了。我试着重新考虑昨天的事情：即使我现在骂他一顿也于事无补，只能使他更加不高兴，还可能使他跟我作对。对他来说，好像没有什么损失，可是我会失去他的帮助。重新找一个招待的代价太大了。

从另一方面来考虑，水果不是他买的，肉也不是他做的，他唯一的错误就在于选择了一个对于宴会不太熟悉的侍者而已。或许我把这次宴会看得太重要了，所以才会如此苛刻，如此生气。所以，如果我换一种方式，不是将责任推到艾伦身上，一味地责备他，而是善意地体谅他，或许会有更好的效果。

当我见到艾伦的时候，我看得出来他很紧张。我说：'艾伦，放轻松点。我知道，昨天晚上如果你在宴会现场，我会多么放心，你是我认识的最好的招待，对我来说，你很重要。昨天的事情，我能理解，侍者只是不够熟悉，有点

手忙脚乱，这不是你的错误。'

听我说完这些，艾伦的神情松弛下来了，他微笑着说：'谢谢您的理解，夫人。'我继续说道：'艾伦，下周我还会举办一次宴会，我需要你专业的建议。你能否帮助我一下呢？''当然，我非常荣幸，夫人！'艾伦回答道。

在接下来的一周内，艾伦亲自和我计划了菜单，整个过程他表现得耐心而细致。

那次的宴会十分成功，到现在还有客人会向我提起那次宴会，那也是我印象最为深刻的一次。艾伦全场都亲自照料，服务堪称完美，菜肴新奇而不失美味。最后，艾伦还亲自送上了巧克力甜点。以至于许多客人表示他们觉得自己受到了最贴心、最周到的服务。

这也让我明白了，友善和诚意要比责备更有力量，更有魔法。"

伊索寓言里说："太阳能比风更快地使你脱下大衣；仁厚、友善的方式比任何暴力更易于改变别人的心意。"的确是这样。所以，女士们，你们可以像伍德夫人那样，当你愤愤不平时，平静一下自己的心态，用友善与诚意来替代责骂，这样你也会有同样的回报。

我有一位叫凯特的朋友，她是一位家居设计师。凯特承认，刚入行的时候，自己不太懂得和人打交道。第一位客户对房屋的设计提出很多要求，这些要求带有一些浪漫的幻想色彩，这是不可能实现的，这让凯特很为难。她直接对客户说："这是不可能的。"客户为了掩饰自己的尴尬，回答说："这是你能力不够，别的设计师就能做到。"凯特觉得对方因为自己是个年轻的设计师，而瞧不起自己，她生气地说："那你去找那些有能力的设计师去吧！"凯特的第一单生意就这样不了了之了。

现在，凯特已经是一名成熟的设计师了，她不会再犯这样的错误。当客户提出一些无法实现的要求时，凯特通常会微笑着说："先生，你的提议很好，很有创造性，这是我们努力的方向。不过，在目前的情况下，这有点困难，我们需要将这房间之间的墙壁打通，这有可能会危及楼房的安全性。也许我们可以找到一个两全的方法，你觉得呢？"这时候，客户既觉得自己的意见得到了重视，也不会再坚持下去。

就像威尔逊总统所说："如果你握紧一双拳头来见我，我想，我可以保证，我的拳头会握得比你的更紧。但是如果你来找我说：'我们坐下，好好商量，看看彼此意见相异的原因是什么。'我就会发觉，彼此的距离并不那么大，相异的观点并不多，而且看法一致的观点反而居多。你也会发觉，只要我们有彼此沟通的耐心、诚意和愿望，我们就能沟通。"

的确，尊重是互相的，讨厌也是双方的。当你以一种友善、真诚的态度对待对方时，你收获到的也将是真诚与友善。当你以一种责备、批评的态度对待对方时，你千万不要指望自己能够得到尊重，你已经把这种希望掐灭了。

女士们，请千万不要选择责骂这种不明智的做法。责骂，它除了体现你毫无教养之外，没有其他作用，人们只会觉得这个女人实在太讨厌了。所以，请试试另一种方法——以柔克刚，友善比责备更有用。

争辩之下没有赢家

> 我们绝不可能用辩论使一个人心服口服，所以在辩论中，获得最大利益的唯一方法就是避免辩论。女士们，你们要学会倾听与接受不同的意见，学会从不同中寻找相同。相比无谓的争辩，良好的人际关系才更加重要。
>
> ——卡耐基写给女人的幸福箴言

许多人很喜欢与人争辩，认为这是表现自己才智的机会。有才智是值得佩服的，但是才智并不是通过与人辩论体现出来的，这只能表明你是个喜欢争强好胜的人。一个成熟的、有吸引力的女人是不会使自己陷入这种无谓的争辩之中的，她们不会为了一事之长短，而和别人斤斤计较，争论不休。因为她们明白，争辩之下没有赢家。

为什么这么说呢？因为所有的争论只会使对方更加坚持自己的观点，而不肯妥协。也许争论之初，对方并不是很坚持自己的观点，只是随意提出了某种看法，但是在你的反对声中，他觉得自己受到了挑战，于是对自己的观点开始坚持。在争论之下，不管是哪一方都很难使对方真正服气，即使在表面上已经认输，内心也会对对方产生反感，双方之间渐生隔阂。即使赢了又能怎么样？除了一逞口舌之快，你还得到了什么？你没有得到任何好处，反而得罪了他人。

我在年轻的时候很喜欢与人争辩，什么问题都要和别人争个面红耳赤，我觉得那是展示自己口才的绝佳机会。在家的时候，我和自己的兄弟们争辩，在学校和同学们争辩，工作的时候和同事们争辩，大事小事争论不断。每次争辩到最后，当对方说"你说的对"时，我从心里产生一种快感，战胜他人的快感，觉得自己很厉害。可是，后来我慢慢地发现，他们认输时的表情是不自然的，语气也是生硬的，也就是说，他们并不是从心底认为我真正地赢了。我只是取得了口头上自认为的胜利。许多同学与同事，不是想办法下次和我争辩时击败我，就是慢慢地疏远了我。说到底，我并没有取得任何胜利，我无休止地同他们争辩这些无意义的事情对我没有任何好处，反而使我的人际关系更糟糕了。我从这件事情中明白，要想通过争论获胜，唯一的办法就是避免争论。

避免争论，就像避开路上的石头一样。一场辩论中，你不会永远获胜，输了，你固然不高兴，你觉得对方伤害了你的自尊。可是你如果胜利呢？你固然会很高兴，可是对方心里也会感到不满。人人都有一种叛逆心理，当人们越是逆着自己的意见，说自己是错误的，自己越会固执己见。

我见到过一对老夫妻，他们已经结婚五十年了。在这么漫长的岁月中，他们相濡以沫，经历过许许多多的事情，依旧十分恩爱。这让我有点惊讶，难道生活中没有摩擦吗？他们是如何抵挡住生活中没完没了、细小琐碎的摩擦，度过这漫长的婚姻生活的？太太对我说："亲爱的卡耐基先生，生活中当然有争吵，我们也常常意见不一致。但是，生活不就是这样吗？没有什么是完美无缺的，也不存在完全合拍的两个人。我们结婚之初，就看到了这一点，毕竟人和人不可能永远意见一致。刚结婚的时候，当意见不一致时，我们各持己见，吵个没完没了，最后双方都筋疲力尽，却于事无补。后来，我们想明白了，争吵不能解决任何问题，只能使我们的关系恶化。所以，我们两个人定了一条协议，不论我们如何不满对方，我们都必须遵守这条协议：当一个人大吼大叫的时候，另一个人应该安静地听着——因为当两个人都大吼大叫时，就毫无沟通可言了，有的只是噪声和震动。所以，如果你问我，我们婚姻长久的秘诀是什么，那就是避免争辩。"

的确是这样，我有一位朋友，他是打台球的高手，可是每次和自己的妻子打台球时，他都会使些小伎俩，让妻子胜过自己，这样会使她很高兴。我们要让丈夫或是妻子，在细小的争论上胜过我们，这对于我们来说，并没有任何损失，对方高兴对我们来说也是一种快乐。

婚姻生活中如此，人际交往中也是如此。据说，一般的销售公司都会为他们的职员定下一条规则，那就是"不要争辩"。一个真正成功的推销员，他决不会跟顾客争辩，即使轻微的争辩，也加以避免。因为，争辩只会使对方更加坚持自己的观点，对你更加反感。

艾米是一个非常好胜的人，喜欢争辩、挑剔别人。很不幸，她同时也是一名推销员。她在推销自己公司的饮料时，常常与客人发生口角，可想而知，她的业务表现并不理想。为此她专门去培训班学习了如何说话。现在，艾米已经是公司的明星销售员工了。

我问她是怎么做到的？

艾米给我讲了她的故事："假如我敲开一家办公室的门，向他推销我们的饮料，他可能会说：'饮料呀？我习惯喝可口可乐的，那就很好呀，我不喜欢改变。'我听他这样说完之后，不会表示反对，而是顺着他说下去：'您说得不错，可口可乐确实很好喝，我也喜欢。可口可乐又是大公司，产品很让人放心。'他听到我这样说，就没有什么话可以说了，要争论也无从争论起。这样，我就获得了一个机会，向他介绍我们饮料的优点，建议他可以尝试一下。如果在过去，遇到这种情形，我就会立马指出可口可乐如何不好，有很多人不喜欢它。我越说它不好，对方会越坚定地指出它是如何的好，争辩越是激烈，就越使对方下定决心不买我的饮料。这种争论使我浪费了多少宝贵的时间和金钱，失去了多少机会呀！现在我学会了如何避免争论，我的事业也越做越好了。"

你在进行辩论时或许你是对的，可是你要改变一个人的意志时，即使是你对了，也跟不对一样。富兰克林常说："如果你辩论、反驳，或许你会得到胜利，可是那胜利是短暂、空虚的……你永远得不到，对方给你的好感。"你想得到空虚的胜利，还是人们赋予你的好感？这两件事，很少能同时得到的。

所以，聪明的女士们，你们知道怎么选择了吗？不管怎样，请你一定要记住：争辩之下没有赢家，要想取胜，最好的办法就是避免争辩。

含蓄得体地与人交谈

> 优雅的语言是与人共处的金钥匙。一个语言优美的女性总是受人欢迎的，含蓄得体地与人交流是一个成熟女性应有的能力。而一个讲话不注意场合、咄咄逼人，甚至于爱传播小道消息的女人，人人都是敬而远之的。
>
> ——卡耐基写给女人的幸福箴言

在社会交往中，语言是必需的工具。与人交谈看似很简单，可是能够真正做到得体地与人交谈并不那么容易。培根说："交谈时的含蓄得体，比口若悬河更重要。"

女士们，你们要记住，喋喋不休并不代表你擅长交谈，直言不讳也不代表你性情直率，这两种交谈方式只会使你自己陷入困境，要么让人觉得你很烦人，是个长舌妇，要么让人觉得你很唐突，不顾及他人的感受。

语言，作为与人交流沟通的最主要的工具，直接影响着你的形象，以及别人对待你的态度。它是你的另一张名片。一个能够含蓄、得体地与人进行交流的女人总是受人欢迎的，因为她能够在恰当的时间说恰当的话，而不使人感到唐突或反感。反之，一个不能够得体地与人交流的人，只能让对方更加讨厌你。

萨拉从耶鲁大学新闻系毕业后，进入了《纽约先驱报》，成为一名新闻记者。在刚上班不久的一次公司内部讨论会上，主编提了一句："一般情况下，海事法的追诉期是六年，根据这项规定……"主编的话还没有说完，萨拉突然站起来，打断了主编的话："对不起，您说错了，海事法根本没有追诉期限。"办公室一下子安静下，只能听见空调的嗡嗡声。主编愣了几秒钟，的确，他犯了一个不该犯的错误，但是被下属当着众多同事的面指出，他尴尬不已。最后，主编用生硬的语气说："谢谢你，萨拉。"萨拉以为自己会得到大家的赞扬，说她有勇气和学识，但是同事们的目光却在暗示，她太自以为是，丝毫没有顾及别人的面子，尤其对方还是自己的顶头上司。尽管主编说了声"谢谢"，但谁都听得出语气有多生硬，多不情愿。事后，萨拉对我说："卡耐基先生，听到主编的那句'谢谢'，我的脸一下子就红了，我立刻知道自己做错了。肯定有许多同事知道海事法没有追诉期限，但是他们比我有经验，知道在这种情况下不该指出主编的错误。那时候，我刚出校门没多久，很多事情都不懂，只是觉得是错误就要指出来，这是学校教给我的东西——挑战权威，追求真理。但是，学校并没有教给我所有的东西，比如说话的时机、场合以及方式方法等，这些需要我在社会中历经挫折与失败，自己慢慢学会。后来我想，如果等主编讲完，轮到我发言的时候再不经意地提一下，不是更好吗？更何况那个问题对我们的稿件没有任何影响，它根本不会出现在我们的报纸中，那可能只是主编无意中说的一句话，我为什么非要指出来呢？那件事情对我是一个深刻的教训，让我开始注意自己与人交流的方式。"

相比男性而言，女性更喜欢与人交流，但是女人千万得有自知之明，说话的时候一定要注意，不能得罪了他人而自己却浑然不知，依旧滔滔不绝，只能惹人厌烦。说话太过直接，或是当面指责对方的错误，总会让听者感到不悦，甚至对你怀恨在心。

人都是有自尊的，也是爱面子的，直率地说出对方的过错，即使是为对方着想，但还是伤害了对方的颜面，尤其是人多的时候。这种情况下，批评别人既无法达到你的目的，还会表现得自己毫无教养。所以，女人一定要有自知之明，要有一份成熟的心态，即使对别人有再多的不满，也要理智对待，别让双方都下不了台。

其实，说话就像商品的包装一样，需要用漂亮的外表包装一下，才会显得美丽，吸引人。

克莱尔是一家大型超市的经理，她十分善于通过得体、含蓄的交流，来提出自己的意见，达到目的。一天，她去仓库检查货物时，发现几个雇员正在抽烟，而墙上清清楚楚地贴着"请勿抽烟"的警示牌。克莱尔走过去，并没有直接批评他们，让他们把烟掐灭。她微笑地看着他们说："你们好，如果你们去外面抽烟我会很感激你们的，毕竟外面的通风条件更好一些。"员工们当然知道自己做错了，假如克莱尔走过来狠狠地批评他们一顿或者直接把他们的烟掐灭，或许他们下次还会在这里抽烟。但是克莱尔没有那样做，他们感觉自己受到了尊重，以后再也没有在仓库抽过烟。

克莱尔懂得将语言进行包装，将原有的锋芒收敛起来，采用更温和、更善解人意的方法来表达自己的意见，也更容易被人接受，她也得到了公司所有人的爱戴。

女士们，还有一点，需要提醒你们，不要过多地讨论别人的隐私，传播小道消息，如果可能的话，请不要这样做。

研究人员曾经对3000名女性进行调查，结果表明：大约有40%的受访者承认，不论消息有多么的私人、机密，自己都无法克制泄露给他人的冲动；超过半数的受访者承认，自己酒后会忍不住说人长短。研究还发现，女性平均每周会听到3条小道消息，并传播给他人。至于原因，三成的受访者表示自己有泄密的欲望，半数泄密者仅仅是为了享受"一吐为快"的感觉。

有句话说得很好："你如果没有好话可说，那就什么也别说。"随意传播别人的隐私或是秘密本身就是不道德的行为，因为随意议论、传播别人的是非而引起的风波我们听说过很多。这种捕风捉影、随意传播小道消息，不仅给当事人身心带来极大的伤害，传播者也会受到不良的影响。想一想，谁会喜欢一个搬弄是非、爱扯闲话、打探别人隐私的长舌妇呢？

我一向不喜欢这种轻浮、爱论人长短的长舌妇，对于她们我都敬而远之。相反，我欣赏有内涵、有魅力、举止得当的女子，令人尊重。一位优雅的女士，说话讲求分寸、讲礼节、用语雅致、谈话内容积极，这些都是有教养的体现，也是吸引人的资本。

学会用心倾听

> 每个人都想成为中心，而倾听则给了对方一种自己处在中心的感觉，他感觉到了你对他的重视。学会倾听，这不仅是一种交往中的礼貌行为，也是表达欣赏、帮助他人建立自信心的方式，这也将有助于你取得信赖，赢得友谊。
>
> ——卡耐基写给女人的幸福箴言

女士们，你是希望有一个人每天在你耳边不停地唠叨，还是希望有一个人能静静地听你诉说？当然是后者更受欢迎。对于广大男士来说也是如此，他们更加喜欢一个倾听自己谈话的太太，而不是一个没完没了唠叨的太太。

许多人曾告诉我，和那些善于侃侃而谈的人相比，他们更喜欢那些善于倾听的人。但是，似乎人们更擅长做个诉说者，而不是倾听者。

我们常常热衷于表达自己的意见，希望在众人中能突显出自己的重要性。在同一时间，我们只需要听一个人讲话，其他人必须学会做倾听者，可是人们好像缺少倾听的能力。

倾听，其实并不难。你可以谈谈对方喜欢的事情，鼓励对方谈下去，聊聊对方取得的成就，夸奖一下对方。你要明白，那个正在与你谈话的人，只会对他自己、他的需要、他的问题最感兴趣，这要比对你及你的问题的兴趣度胜过上百倍。

当对方畅谈时，我们专心致志地听对方讲话，认真地听，甚至是聚精会神地听，会让对方有一种被尊重和重视的感觉，双方的距离必然会被拉近。这也是让对方喜欢你、信赖你的方法。

我的朋友曾经给我讲过这样一件事情：几年前，她在纽约的电话公司工作。一天，公司碰到了一个客户，他的脾气很暴躁，对接线员大发脾气，他说要他付的那些费用都是敲竹杠。这个人怒火满腔，扬言要把电话线连根拔掉，并且到处申诉、告状。

最后，电话公司派了我的这位朋友去见那位无事生非的人。我问朋友，她是怎么做的。她说："我只是静静地听着，让那个暴怒的用户淋漓尽致地发泄，我不时说，'是的'，并对他的不满表示深切的同情。"

"只是这样吗？"我惊讶地问。

"是的。他滔滔不绝地说着，而我洗耳恭听，整整听了3个小时。"朋友说道，"我先后见过他五次，每次都对他发表的论点表示同情。第五次会面时，他说他要成立一个'电话用户保障协会'，我立刻赞成，并说我一定会成为这个协会的会员。他从未见到过一个电话公司的人同他用这样的态度和方式讲话，他渐渐地变得友善起来。前四次见面时，我甚至连同他见面的原因都没有提过，但在第五次见面的时候，我把这件事完全解决了。他所要付的费用都照付了，同时还撤销了向有关方面的申诉。倾听，真是具有非凡的魅力。"

交谈，是交往的一个重要内容。在交谈中，既要适时适度地开启心扉，也要随时随地接纳对方。当一方在侃侃而谈时，他总是希望对方专心致志地在聆听。而只有感觉到别人对自己的欣赏时，一个人的自信才能建立。因此，学会倾听，做一个合格的倾听者，不仅是一种人们交往中的礼貌行为，也是表达对他人欣赏和帮助他人建立自信心的重要方式，这将有助于使自己取得信赖，赢得友谊。

一个认真的倾听者，眼睛会注视着说话的人，将注意力始终集中在对方谈话的内容上，给对方一个畅所欲言的空间，不抢话题，表现出一种认真、耐心、虚心的态度。

听人谈话时，通过赞同的微笑、肯定的点头，或者手势、体态等做出积极的反应，表现出对谈话内容的兴趣和对谈话对象的接纳与尊重。

森迪是一个非常善于倾听的女孩。有一段时间，她失业在家，常常会帮助一些宴会做做服务工作，挣些小费。在一次宴会上，她遇见了一位客人，独自一人在旁边喝酒。森迪走过去，微笑着说："夫人，您有什么需要帮忙的吗？"她说："小姐，你有空吗？我想找个人聊聊天。"森迪想了想回答道："夫人，请您等十分钟，我把自己的工作做完，再来找您。"

十分钟之后，森迪找到了那位夫人。因为看过客人的名单，森迪知道，这位夫人是做服装设计的，于是她就提问了一些关于服装设计、穿衣打扮方面的问题。这位夫人兴致盎然，滔滔不绝地介绍了一些自己设计的服装，并给森迪提出一些建议。森迪坐在椅子上，静静地听这位夫人介绍服装行业的轶事，中间偶尔插几句说道："原来那件衣服是您设计的，真是太漂亮了。我非常喜欢！"

森迪与这位夫人谈了很久，直到宴会即将结束，森迪站起来说："夫人，和您聊天很愉快，我收获颇多！谢谢您！"

这位夫人赞扬道："森迪小姐，我也很感谢你陪我度过了一个美好的夜晚。我想问一下，你有兴趣来我的设计室工作吗？目前，我正在寻找一位助理，我觉得你是非常合适的人选。"就这样，森迪找到了一份工作，告别了失业的日子。

其实，在这次谈话中，森迪几乎没有说什么话，她只是很认真地倾听而已。森迪对她的职业表现出了极大的兴趣，她喜欢听对方谈论服装设计业的趣闻，真心地希望对方给予自己穿衣方面的建议。而对方也察觉到了这一点，这让她很高兴，因为这种认真倾听对方谈话的态度，就是对他人的一种重视与恭维。

吉拉德·黎仁伯在《打入别人的心》中写道："在你表现出你认为别人的观念和感觉与你自己的观念和感觉一样重要的时候，谈话才会有融洽的气氛。在开始谈话的时候，要让对方提出谈话的目的或方向。如果你是听者，你要以你所要听到的是什么来管制你所说的话。如果对方是听者，你接受他的观念将会鼓励他打开心胸来接受你的观念。"

所以，如果你想成为一个善于谈话的人，那么首先你要成为一个善于倾听的人。尊重是双方的，谈话也是双方的，你想使别人对你感兴趣，那么你也要对别人感兴趣。要做到这一点并不是特别难，你可以将话题引向他们熟悉或是喜欢的题目，鼓励他们讲讲自己的爱好、成就等。此时，你要成为一个认真的倾听者，而不是装成在认真听他们讲话，因为真的与假的，是很容易被分辨出来的。

最后，还是要提醒女士们，男人是不希望有一个喋喋不休、唠唠叨叨的太太的，他们更喜欢一个可以倾听自己的贤内助。

反省，再反省

女士们，相信你自己，你们每个人都是一座金矿，蕴藏着丰富的财富。最重要的是你要善于发现这些财富，并且找到恰当的方法将它们挖掘出来。你们每个人都可以通过自省认识自己，发现自己的优点，改正自己的缺点，通过不懈努力去争取成功。

——卡耐基写给女人的幸福箴言

德尔斐的智慧神庙上镌刻着这样的箴言——"认识自我"。古希腊哲学家苏格拉底也曾说过："认识你自己。"认识自己，是人类一直以来所面对的重要命题。

认识自己，就是你要认清自己的能力，知道自己适合做什么，不适合做什么，长处是什么，短处是什么，从而做到自知，在社会中找到自己恰当的位置。除此之外，还要善于认识别人，鉴别别人，通过认识和鉴别别人从而到达认识自己的目的。

每个女人都是矛盾的综合体，都有多面性。而你成长为怎样的女人，除了外部条件外，更重要的则来自于你对自己的认识。这种不断在灵魂内部进行自我扬弃，不断地发现缺点，将优点放大的过程，就是内省。一个成熟的女人，应该学会认识自己，并为自己客观定位。

认识自己并不容易。每一个成功的女人都是经过重重磨难，历经多次蜕变才成功的。她们的成长之路就是一个不断反思自己、不断认识自己、不断改变自己的过程。认识自己与改变自己，都是一个痛苦而艰难的过程，中间掺杂着无数的失败、挫折、磨难。她们站在人生的十字路口，不停地做着选择，而生活不停地向你说"NO"。在否定之中，你看到了自己的不足，也看到了自己的优点。你对自己认识得越来越深刻，越来越清楚，获得的成功就越大。

我们应该如何通过不断自省认识自己呢？

我认识一位非常成功的女性，她是一家大型公司的公关经理，名字叫特蕾莎。她向我讲述了自己是如何通过不断地反思来认识自己的：

"我有一个私人档案柜，里面有一个很厚的卷宗，名字是'我所做过的傻事'。每天晚上睡觉前，我会为自己留出十几分钟的时间，反思自己一天的所作所为，把自己做过的傻事记录下来，存放在这个夹子里。每过一个月，我就会打开它，看看这个月我都做了哪些傻事，相比上个月哪些傻事没有再出现过，哪些又是新出现的。

刚开始，这件事情对我来说有点难。卡耐基先生，我想你明白，面对错误的时候，我们常常想把责任推到别人头上，而不是先找自己的原因。一开始，我就是这样的：这次公关没做好，是因为瑞秋没有事先通知我；这是因为产品本身做得就不够好；这是因为记者们的问题太过刁钻了……我为自己找了各种各样能够想到的理由。但是，我做这个档案的本意并不是为了责怪别人，而是为了让自己变得更好。后来，我说服自己，尝试着寻找自己在这件事中承担的角色、责任。自己是否做到了？为什么没有做到？从这件事情中我可以学习到什么？慢慢地，我发现我所有的错误或是不幸，与任何人都没有关系，全都应该责怪我自己，如果我尽力而为，即使事情无可挽回也无所谓了，可是很多时候，错误都是由于我的愚蠢、自以为是或是轻易放弃而导致的。想通了之后，我会尽力避免让自己再做同样的傻事，犯同样的错误。

这个习惯我已经保持了十年，如果我能够对自己一直保持诚实的话，那么这十年以来，我做过的所有傻事都在这个夹子里存放着，厚厚的一沓。有时候，我自己读以前的傻事，都羞愧难当，无地自容。不过，还好，现在我放进这个夹子里的东西越来越少了。相比十年之前，我对自己有了更清楚的认识，知道哪些事应该做，哪些事不应该做。但是，我每天晚上还是习惯去想想这一天发生的事情，将它们记录下来。这样做不仅是为了发现自己的错误，也是为了发现自己优点。毕竟，只看到自己的失误，而看不到自己的长处，那么晚上睡觉的时候就只能皱着眉头了。"

特蕾莎是个自觉且具有自制力的女性，她能坚持不懈地反思自己身上存在的问题，并改正它们。最终，她成功了，她是我见过的最优秀的公关人员。

我认识的另一名女性爱丽斯则通过另一种方法来反思自己、认识自己。她是一位保险销售人员，每天都要挨家挨户地推销自己公司的保险。她刚开始做的时候，订单非常少，她很担心自己会失去这份工作。同样的产品，别的同事业务很好，所以问题一定在自己身上。她自己思考了很久，仍旧没有答案，也许旁观者会有更好的意见。第二天，她见到客户的时候说："我这次回来，不是向您推销保险的，我希望能得到您的建议和您的批评。可不可以麻烦您告诉我，前几天向您推销保险时，我有什么地方做得不对？您见过许多推销人员，您的经验比我丰富，事业也比我成功，我有什么错误，请您坦诚地、不加掩饰地告诉我吧！"在这种情况下，顾客们一般会诚实地指出爱丽斯的问题在哪里。晚上回家之后，爱丽斯把这些批评汇总起来，逐条对照自己的行为，寻找问题。经过一段时间的改进，爱丽斯成为公司业绩最好的员工之一。爱丽斯后来对我说："卡耐基先生，当面让对方指出你的错误，虽然是自己要求的，但还是有点尴尬。但是，既然我自己无法发现问题在哪儿，那么就需要别人的帮助。有时候，旁人比自己更能看清楚自己。当然，别人讲的也不一定完全对，这就需要自己做出判断。那天对我来说是很艰难的一天，但是我做到了。你看，现在我成功了。但是向别人请教，自我反思已经成为我生活的一部分，它对我来说真的很重要。"

不断地反省自己，这是发现自己独特的个性、长处以及缺点的最佳方法，没有人比你更了解自己，也没有人比你更关心自己。即使你处境不利，遇事不顺，但只要你的潜能和独特个性依然存在，你就可以坚信：我能行，我能成功。

固然，反思自己并不是一件容易的事情，发现自己的错误也不是一件令人愉快的事情，但是只有通过不断反思，你才能真正地认识自己、了解自己，正确地为自己定位，寻求成功的方向。

第六章
保持热忱：把工作当成事业来追求

你对工作的态度决定了你的生活是否充满活力，你的满足感来自于最佳的工作绩效，但你是否知道，你的疲劳往往不是由工作引起，而是因为忧烦、挫折和不满等。

选择自己喜欢的工作

> 人生就是一连串选择的过程，每个人都应该选择适合自己的生活方式，选择职业更是如此。认真对待自己所选择的的职业，是对自己，也是对他人的负责。记住，工作不是为了生存，而是要给个人的生活赋予意义，给自己的生命赋予光彩。
>
> ——卡耐基写给女人的幸福箴言

"倘若你不是欢乐地而是厌恶地工作，那还不如撇下工作，坐在路边，去乞求那些欢乐地工作的人的接济。倘若你无精打采地烤着面包，你烤成的面包是苦涩的……你若是怨恨地压榨着葡萄酒，那么你的怨恨，便在酒里滴下了毒液。"这是纪伯伦对不热爱工作的人的劝诫。

工作对你而言是用来维持生计，还是你实现自我价值的重要途径呢？细细算来，工作的时间占到我们人生的三分之一。我们可以没有很大的名望，也可以没有很多的财富，但不可以失去对工作的乐趣。

选择自己喜欢的工作，我们在投入工作时，便不会发出抱怨，感觉疲惫。比如造型师为模特做造型的时候，他会把她当作一件艺术品来创作，一边工作一边享受这种过程中的美感；每当画家完成一幅画作时，不但不会觉得疲倦，反而会为自己所创造出来的美而感动。相反如果我们不热爱这份工作，那么对待工作的态度就是消极的，我们逐渐就会在消极中丧失对生活的热情。

居里夫人在自己的实验室里能待一整天不出来。对她而言，工作不是折磨，而是享受。她说："我觉得我进行的是一项有趣的事情，我从不觉得它是工作或者负担。"

华德·迪士尼曾讲过这样一句话："你一定要做自己喜欢做的事情，才会有所成就。"人的幸福源泉就是人内心的召唤。所以我们要听从内心的声音，朝着自我指引的方向走到底。

艾德娜·科尔夫人是杜邦公司的HR，她曾在一份报告里提出："我认为很多人不知道自己内心想要什么，这是最悲哀的事情。他们只是为了薪水而工作，却从工作中得不到其他的价值。往往大学生来求职时，他们会问：你们有什么工作适合我？而不是去考虑自己有什么特长和兴趣，自己想去做什么。这样对他们以后的生活没有任何好处。"是啊，如果你不知道自己要做什么，你怎么能有工作热情呢？

发现兴趣的过程是一个自我探索的过程。深入地进行社会实践，在实习和工作的过程中，发现自己的兴趣，发现自己的特长，发现自己的短处，更发现自己的厌恶，才能最终找到自己一生要从事的职业目标。

世界上最不开心的人就是那些择业失误的人，军队里有一种叫"牺牲品"的人，他们不是战争的死伤者，而是在服役中无辜牺牲的人。造成这种状况，仅仅是因为给他们安排了错误的职位。著名的心理分析师威廉·门宁戈博士说："部队里最重要的工作就是对士兵的选择和安置，把正确的人安排在正确的位置上。如果某个士兵被安排在了不合适的位置上，他会觉得自己不被赏识，或者才能被埋没，由此产生的厌倦情绪足以让他在战争中丧命。"

同样的道理，如果一个人厌弃自己的工作，他也会成为"牺牲品"。克莱尔女士就是个很好的例子。克莱尔的父亲开了一家洗衣店，父亲想让女儿接手这家店。但是，克莱尔根本不喜欢这个工作，经常找借口逃出店里。父亲觉得女儿很不争气，自己辛辛苦苦积累的产业，克莱尔却毫不在意。一天，父女两人发生了激烈的争吵，克莱尔鼓起勇气告诉父亲，她不想每天在洗衣店里工作，她想做一名化妆师。对于克莱尔的想法，父亲表示不可思议，并极力反对。但是克莱尔下定了决心，并报名参加了一个化妆师培训学校。此后，克莱尔每天都认真地学习化妆技术、找客户提供服务，忙得早出晚归，却依然乐此不疲。几年后，功夫不负有心人，克莱尔开办了自己的化妆培训学校。若是她还留在洗衣店工作，也许会是个悲剧，毁了洗衣店，同时也荒废了自己。年轻人，找工作时，你可以慎重考虑家人的意见，毕竟他们具有丰富的人生经验。但是，最后怎样抉择还是要听从自己的内心。

怎样才能慎重地决定你所要从事的工作呢？在我看来有一个便捷的途径，如果你想从事法律方面的工作，这个领域里有很多奋斗了十几年、甚至几十年的前辈，你可以试着向他们咨询。就我的经历看来，这样的拜访咨询是至关重要的。

假设你要做一位律师，你可以拜访你所在城市的律师们，在电话簿中找到他们的电话和住址，然后给他们办公室打电话，诚恳地告诉他们你的想法，约定见面时间。在见面之前先写下自己的问题：

1. 律师这个行业未来前景如何？
2. 如果重新来过，您还会选择律师这个职业吗？
3. 如果我研修四年法律专业的资历，能找到一份合适的工作吗？
4. 在一开始我应该找什么样的工作？第一年的薪水大概在什么水平？
5. 在您跟我交谈后，您觉得我成为律师的可能性有多大？

不要担心自己会被拒绝，年长者都愿意给年轻人一些忠告，说不定哪位律师会很欣赏你的勇气和做法呢！如果你找了几位律师，而他们都没有给你回信，不要气馁，继续寻找。总有人愿意见你，并给你提供宝贵建议。在这件事上费些精力，会让你明确方向，在找工作时事半功倍，而且很有底气。

记住，人生有两个重要的抉择，一个是选择一份热爱的工作，一个是挑选挚爱的伴侣。你正做其中一个抉择。所以，一定要对自己、对现实有清楚的认识。一个人的精力是有限的。如果像无头苍蝇一样乱撞，最终会一无所成。

拿破仑曾说："战争的艺术就是在某一点上集中最大优势兵力。"在工作中也是一样的道理，在进入社会的时候，我们都应该扪心自问："我想做什么，我适合做什么？"然后选择一个领域，全力以赴。选择了就不要后悔，即使成功的路很艰难，我相信兴趣加上努力，任何一件事情，都会开花结果。生活的快乐与否，完全掌握在自己的手中，当我们把工作变成生活中的一种乐趣时，那我们就乐在其中了。为快乐而工作——这就是无悔的选择。

一张抗疲劳的良方

> 我们不断地给自己灌输积极向上的言语，慢慢地你就会得到勇气和力量；我们总是想象美好的事物，内心的快乐和满足也会随之而来。
>
> ——卡耐基写给女人的幸福箴言

　　我的一些朋友看起来正在不可避免地进入一种长期疲劳的状态，这和他具体完成的工作数量没有必然联系。产生疲劳的原因总结来说就是烦闷，从早上起来就是如此。

　　档案管理员莉莎小姐忙完了一天的工作，下班的时候已经是傍晚了。这时的她疲惫不堪，浑身像要散架一样，只想回到家中好好睡一觉。正在这时，好朋友维拉打来电话，想邀她去酒吧喝酒。那间酒吧是她喜欢的风格，以前经常和朋友们一起去那里跳舞。听到这个邀请后，她的心情顿时大好，换上衣服立刻就冲出了家门。莉莎和朋友一直玩到凌晨两点依然十分精神，当朋友提出回家睡觉时，莉莎竟觉得依依不舍。本来十分疲惫的莉莎在跳完舞回到家后还是毫无倦意，而且兴奋得难以入眠。

　　其实傍晚时分，她觉得疲劳，是工作让她烦恼，使她对生活也产生了厌烦。当开始进行自己喜欢的项目时，她的心情随之转换，整个人的状态都变得不一样了。在工作中有很多人都是这样的状况，你也许就是其中之一。

一个人的情感因素会比生理因素更容易导致疲劳。约瑟夫·巴马克博士曾经做过一个实验，他召集了一群大学生参加一项无趣的工作，由于大家对这项工作不感兴趣，所以呈现出来的状态都是无精打采、毫无干劲，有的同学甚至出现了头疼、胃疼、眼睛疼的现象。

在对这些学生做了关于新陈代谢的化验后，博士发现，学生的这些症状并不是凭空编造的，当一个人做自己不喜欢的事情时所产生的郁闷情绪对人体的影响是巨大的，身体免疫功能会降低，抵抗各种不利因素的能力也会很差，这时候就容易发生各种疾病。尤其是皮肤新陈代谢、血液循环功能的降低，还会使人呈现衰老迹象。而当人们觉得工作有趣的时候，他的新陈代谢功能就会加速，精神焕发，人体免疫功能大大提高。所以，我们在做令人兴奋的工作时，很少感到疲倦。

比如明尼阿波利斯农工储蓄银行的总裁斯·赫·金曼先生经历的一件事情，就可以证明这一点。金曼先生曾经被邀请作为加拿大阿尔卑斯登山俱乐部协助威尔士军团的教练之一，教练的年龄都在四五十岁，而他们带领的士兵都是强壮的小伙子。但是这些刚刚经过两个月严格军事训练的年轻人，在十几个小时的登山后，身体和精神状态还不如教练们良好。当然他们疲倦的原因不能归咎于军训期间锻炼得不够强壮。其实他们之所以觉得疲劳，是因为他们对登山感到厌烦，导致整个状态都不佳。那些年龄是士兵两倍的教练当然也会疲倦，但是对于登山的兴趣让他们依然能够保持精神饱满。

如果你对所从事的工作实在谈不上兴趣，那么我建议你可以尝试假装这份工作有意思。如果你"假装"对工作有兴趣，那么"假装"会使你的想法成真，从而减少你的疲劳和烦闷。

下面这位小姐叫赛莉娜，家住曼哈顿。她曾经给我写过一封信，里面就说了"假装工作有意思"带给她的收获。下面是这封信的内容：

我是一个打字员，像这样的职位我们公司有四个，但是因为工作量很大，我们总是要加班到很晚。有一次，快要下班的时候，我的上司让我打一份很长的合同，明天跟客户谈生意时要用到。可是，我已经和朋友约好一起吃饭，于是提出明天再打。上司很生气，让我考虑清楚哪个才是重要的，如果不想打就不用来上班了。舍不得这份工作和薪水的我只好继续工作，可是我的心情糟透了，在打字的时候心里还在咒骂着上司，烦闷的情绪导致我总是出错，无形中更增加了工作量。为了不影响我和朋友吃饭的心情，我沉下心来开始认真地打字，并努力保持一个明快的心态。干着干着，我发现如果我假装喜欢工作，我真的就会喜欢到某种程度，并且我的工作速度也会加快。有了这个意外的收获，我开始改变自己，积极主动地从工作中寻找乐趣。这种工作态度使我得到了大家的好评。后来一位主管了解到，我不仅能很好地完成分内工作，还帮助别人做一些额外工作，从不抱怨。于是，我被邀请去做他的助手，心理状态的转变给我带来了奇迹。

如何把工作变成有意思的事，不妨试着每天早晨给自己打打气。不要觉得这是一件肤浅幼稚的事情。就像我们需要一些运动把自己从半睡半醒的状态唤醒一样，我们的精神和思想也需要我们经常进行鼓励，促使我们开始行动。

著名的电台新闻分析家赫·维·凯特伯恩经常这样告诉自己："如果你要吃饭，你就得做事。既然非做不可，你为什么不做得好点儿呢？就像一个演员，正站在舞台上，下面有很多观众正注视着你呢。你现在做的事就是演戏，为什么不快乐点儿呢？"他通过这种想法把一件毫无乐趣的工作变得有趣。

凯特伯恩在年轻时曾去周游其他国家，因为积蓄不多，当他到达巴黎的时候，已经身无分文。于是他在巴黎版的《纽约先驱报》上登了一则求职广告，找到了一份推销的工作。当时大家都认为凯特伯恩不会说法语，还要做推销的工作简直是天方夜谭。但是凯特伯恩的成绩却出乎所有人的意料。在他挨家挨户推销了一年以后，他成了当年法国收入最高的推销员，足足赚了5000美元。他创造奇迹的妙诀就是保持快乐，让自己爱上这份工作，并把这种快乐的情绪传递给每一个顾客。在推销工作起步的时候，凯特伯恩先学习了日常用语和一些幽默的笑话，然后请同事用法语把他在推销时应该说的话写下来。在敲开顾客家门之后，他用一口浓重美国口音的法语开始背诵推销用语，这样的口语很容易引人发笑，于是他扮作无辜的样子，耸耸肩说："美国人，美国人。"在主人点头后，他趁机递上实物照片，同时摘下帽子，把藏在帽子里的讲稿指给人家看。那些顾客看到这种情形当然会大笑起来，他也跟着大笑，然后再给对方看更多的照片，在快乐的气氛下顾客就很容易接受凯特伯恩的产品了。当他回想起这些事情的时候，他告诉我："当时我确实觉得这项工作很不容易。在开始的时候还想过放弃，但是我想如果我把这个工作当成乐趣，再多的困难也都不值一提了。"凯特伯恩就是靠着每天给自己打气，把一个又恨又怕的差事变成了一个他喜欢的赚钱工作。

试想一下，如果你对工作产生兴趣，你将有什么收益。每天我们有一半的时间都花在工作上，如果你在工作中总是沉浸在烦闷的情绪中，那么你将失去人生一半的意义，不快乐的状态还会影响到你和家人的生活。如果你对工作有兴趣，你就能把疲劳降到最低，良好的工作状态不仅会给你带来升迁和发展的机会，还会使你感到舒适与满足。聪明的你，选择哪一种呢？

消除工作的烦恼

哥伦比亚大学的郝伯特·赫克斯院长曾经这样说过："世人之所以忧虑，大多是因为对引发忧虑的事实缺乏了解、进而胡乱猜测，最终妄下结论所产生的。"

工作中时常被忧虑所困扰的你，想过世界上会有一个迅速而有效的方法能够清除忧虑吗？是否有不需要你苦心修养，即能马上付诸实践的方法？如果你迫切想知道，那么请允许我介绍威利·卡里尔发明的解忧妙招。

威利·卡里尔是空调业的领军人物，也是闻名世界的卡里尔公司的总裁。一天，我们在偶然的一次聚会中进行了交谈，席间他向我讲述了自己消除忧虑的妙招，让我感到颇有成效。卡里尔的妙招是这样的：当年我在纽约州水牛钢铁公司任职时，曾接到过一项工作，为一个工厂安装一套价值不菲的瓦斯清洁装置。由于参加工作不久，在安装过程中出现了失误，虽然在最后完成了工作，但机器运转效果很不理想。由于失误造成的巨大损失，犹如一块巨石压得我喘不过气来，我难以接受这个事实，有段时间甚至忧心忡忡，夜不能寐。但是我知道，一味地消极忧虑解决不了问题。于是，我试着找到了一个卓有成效的排忧妙招，一个让我受用终身的方法。这个妙招简单实用，谁都能够操作。

第一，我冷静考虑了现阶段的局面。老板会损失几万美元，而我可能会被炒鱿鱼。

第二，分析之后，我问自己这个结果可以接受吗？答案是肯定的。我对自己说，我的工作记录上可能会被记上不光彩的一笔，但是我可以在以后的工作中努力表现，扭转大家对我的看法。这不失为一个前进的动力。即便是丢失了工作，我大不了重新另谋出路，没准还是一个新的机会呢。而老板可能会损失一些钱，但对他来说只是一个小数目，不会影响公司的发展。这样开导自己以后，我竟然感觉到前所未有的轻松，之前乱糟糟的情绪瞬间被整理清楚了。

第三，头脑清醒以后，我开始着手改变糟糕的状况，投入最大的精力试图减少损失。在跟专家和同事商议后，得出结论，我们只要再投入几千美元的资金调整些小部件，问题就能解决。最后，我们不但挽回了原本预计的损失，还因为积极的工作态度，得到了这家工厂另外的单子。

现在想想，如果当时我还沉浸在忧虑的情绪中不能自拔，这个事故将会一直是我心中的阴影。从那时候起，意外地见识到这个方法的不可思议后，我就再也没有离开过它，我的生活再也没有遭受忧虑的侵扰。

从心理学看，这个办法能帮助我们走出彷徨的迷雾，从旁观者的角度看清事情本质。如果不是对事情本身有清楚的了解，我们根本没有心思去解决问题。应用心理学家之父威廉·詹姆斯教授曾经如此告诫学生："我们只有接受了所发生的一切，才能克服将来的任何不幸。"我们接受了当下最坏的境遇，就不会再担心失去什么，剩下的就是努力挽回，哪怕挽回一点点也是一种收获。

在工作中，很多人会遇到难缠的问题，他们不去尝试改进，不愿意去挽回，而是拒绝接受失败，一味地沉浸在忧虑的痛苦中，最终沦为忧郁症的奴隶。如此看来，一种有效的解忧办法至关重要。

那么卡里尔的方法也适用于其他人吗？无独有偶，纽约一位叫格瑞亚的女孩，也同样运用这种方法延续了自己的生命。就职于《纽约时报》的格瑞亚，是一名出色的记者。她曾经发表过一系列关于社会医疗体制的新闻报道，在业界广受好评。因为对工作太过执着，格瑞亚总是保持高度紧张的状态，担心独家新闻被别人抢去。别说正常的休息了，甚至有时为了争取时间连饮食也很不规律。终于，在一次剧烈的疼痛后，她被医生诊断为十二指肠溃疡，包括一名专家在内的三位医生都断定，她的病已经无药可医。他们嘱咐格瑞亚提前写好遗嘱，保持冷静和愉悦，不能忧虑和烦恼。

病痛的格瑞亚只能辞去热爱的工作。起初，休息在家的她，徘徊在死亡的边缘，无法做事，唯有绝望。后来，她告诉自己："我已经时日不多了，难道在剩下的宝贵时间里，我每天要在忧虑和抱怨中度过吗？工作时总想要一个长假去旅行，现在不就是合适的时机吗？就算时间有限，我也要过得精彩。"最终，格瑞亚欣然踏上了旅途。

她的旅途并不枯燥，她在给我的一封信中写道："我走过很多国家，结识了新的朋友，见识到了各种民族风情。当我来到非洲后，我目睹了非洲的贫穷与死亡。这一切让我回想起以前都觉得微不足道。我为以前的紧张忧虑感到羞愧，我竟不曾去享受我本轻易可得的美好时光。旅途中我几乎忘记了自己的病痛。当我回到纽约，医生告知我的病竟然奇迹般地痊愈了。"

格瑞亚无意中使用的排忧方法，竟然和卡里尔如出一辙。她先是分析了自己面临的最坏结果——死亡。然后说服自己去接受、臣服。最后，努力调整自己的状态，撇开忧虑，好好享受剩余的时光。正是这种平和的心态，焕发了生命的活力。

那么如果运用了这种方法，是否意味着我们可以彻底远离忧虑了呢？当然不是，很多人难以客观公正地分析事情，因为我们在工作中感到忧虑时，会把思考的重点全放在糟糕的地方，而忽略了其他的事实。或者说在碰到状况时，凡是符合个人需求的，我们都信以为真；但凡不如心意的，我们便会加以排斥。所以，我们必须把感情成分抽出来思考。

　　下面的两个方法有助于我们客观清晰地了解事实。第一，在了解事实的时候，假装是为了别人考虑这件事。以第三方的角度看待问题，你可以保持客观冷静的态度。第二，在思考困惑自己的问题时，面对消极忧虑的一面努力去反驳它，试着让自己看到积极的一面。当我们把罗列的事情一一分析后，事情就会变得明朗起来。事实上，在我们收集罗列的时候，我们就已经很清楚自己该做怎么样明智的决定了。

良好的工作习惯让你事半功倍

> 我们绝大多数的行为是出自习惯的支配。在我们的身上，有好习惯也有坏习惯。那么，唯一能够有效改变我们工作状态的手段，便是去培养良好的工作习惯。幸运的是，我们每个人都有这个能力。
>
> ——卡耐基写给女人的幸福箴言

马克思曾经说过："良好的习惯是一辆舒适的四驾马车，坐上它，你就跑得更快。"在职业生涯中，一名优秀的员工不仅仅是因为自身的优秀，而是由他们良好的工作习惯决定的。习惯，看似微不足道，力量却强大无比。良好的工作习惯能极大地提高工作效率，而不好的工作习惯就常常拖后腿，会成为工作中的绊脚石。

芝加哥西北铁路公司的总裁罗兰·威廉姆斯曾经说过："要想提高工作效率首先要清理桌上堆满的文件，只保留与手头工作相关的文件，那么他们的工作就会变得更加顺畅、有条理。"但是在平时的工作中，我们桌上总是堆满文件，有很多已经过期甚至跟工作毫无关系。

有一位证券公司的经理人和我说，他曾在自己的办公桌里翻出了几年前的信用卡清单。看到乱丢在桌上的合同、信件和报告，那一刻，他觉得自己的工作已经乱套了。

而更糟糕的是，这样的情况会让人陷入紧张疲劳的状态，还有患上高血压、心脏病和胃溃疡的可能。此时，我们需要做的就是着手处理最急需的文件，清除办公桌上其他的文件。

我的朋友赛德勒在精神科工作，他遇到过一个叫萨拉的患者。萨拉是一家大型商场的销售经理，她告诉赛德勒："工作和生活都让我烦恼，我不知道该怎么去处理它们，但是这一切都不能停止，我还要一直工作。这样的状态让我整晚失眠。"赛德勒说："当她说这些话的时候我能感觉到她的焦虑和沮丧。这时候我的电话响了，是医院打来的问我对一位患者的治疗决定，我当下把决定告诉了医院。挂上电话不久，电话铃又响了。又是件急事，我花了十分钟讨论这件事。接着，我的秘书进来告诉我，医学协会打来电话让我参加当晚的交流会，需要我立刻答复。

当我把这些事情处理完后，我对她表示抱歉。但是她告诉我：'您不必道歉，刚才看到您的工作状态，我想我已经知道我的问题出在什么地方了。我需要改变我的工作习惯。'这时候的萨拉已经是一副比较轻松的表情。她提出想参观一下我的办公桌，我的办公桌里面除了一些必需的物品，别无其他。萨拉说：'您平时需要处理的文件都放在哪里呢？'我告诉她，我习惯当场就把事情处理完。萨拉听后若有所思地离开了办公室。

一个月后，当我见到萨拉的时候，我看到的是一个精神饱满，完全没有负担的女人。她告诉我："在这之前，我的办公桌上堆满了工作，都是没有完成的。在我们谈过话后，我把桌上的文件做了彻底的清理，只剩下手头上必须要做的工作。而且只要一来新工作我马上就处理，不再往后堆积。办公桌变得清爽了，我紧张的情绪竟然也舒缓了！"

事实确实如此，人们不会因为工作过于努力而死，却会因为忧虑消耗掉人的精力。而忧虑的原因则是他们似乎从未完整地完成过一项工作。

另一个良好的工作习惯就是分轻重缓急办事。很多人工作十分勤奋，但是在工作中却难以取得好的成绩。这是因为他们在工作中犯了一个错误，分不清轻重缓急。他们常常是捡了芝麻丢西瓜，小事干得又多又好，却成效不大。而真正的大事却被他们忽略了，因为小事已经占用了他们太多的时间和精力。

在一节时间管理课上，教授在桌子上放了一个罐子和一大块鹅卵石。当教授把石头放进罐子后问他的学生："你们说这罐子是不是满了？"学生纷纷表示赞同。教授微笑着从包里拿出一袋碎石子放到罐子里，又摇了摇直到碎石子放不进去为止。教授又问学生："这次真的满了吧？"这次学生们点点头，但脸上还带着犹豫的表情。教授说完后，又拿出一袋沙子，慢慢地倒进罐子里。倒完后再问班上的学生："你们告诉我，这个罐子现在是满的呢？还是没满？"学生们信心满满地回答没有满。教授满意地点点头，又拿出一瓶水，倒在了看似已经被碎石、沙子填满的罐子里。

当这些事都做完之后，教授问学生："你们看我做的这件事，得到了什么启发呢？"一阵沉默后，有的学生回答说："应该是时间像海绵里的水一样，挤挤总是有的。"教授含笑点头："你说得不错，但这不是我要告诉你们的最重要的信息。我想告诉大家的是，如果你不先把大块的鹅卵石放进罐子里去，也许你以后永远都没有机会再把它们放进去了。"

一个忘记最重要的事情的人，会成为琐事的奴隶。我的经历告诉我，人们不会总是按轻重缓急的程度去办事，但是要先思考，再行动，善于发现并解决最迫切的问题。只有先解决这些问题，才能解决其他问题。

再有，良好的工作习惯是长短期目标相结合的产物。

我们经常会有这样的体会：如果你的目的地太过遥远，很容易就会丧失自信。的确，在现实生活中，有许多目标看起来一时难以实现，但你可以把它们分成若干个可以很快实现的小目标，然后集中精力想办法逐一实现这些小目标。当这些小目标全部实现时，你的大目标也就实现了。

患有先天性小儿麻痹症的艾米，参加了国际马拉松比赛，因为她的缺陷，所有人都认为这是不可能完成的任务。但是她却出人意料地跑进了前十名。当记者们问她"你凭什么取得如此惊人的成绩"时，她只回答了一句话：我一直有明确的目标！两年后，我有幸见到了这位坚强的女性，并得知了她跑完比赛的"秘密"："每次比赛之前，我都要把比赛的线路仔细地看一遍，并把路线划分为几个阶段，记下标志性建筑。比赛开始后，我就向着第一个目标奋力奔跑，当我到达第一个目标后，我又以同样的速度向着第二个目标冲去。几十公里的赛程，就这样被我分解成了几个小目标，轻松跑完了。"

当时，我正在读法国作家普鲁斯特的《追忆似水流年》，这部7卷15部的巨著，一度让我望而却步，想要放弃。但是艾米给了我启发，每读完一部，便以全新的心情去迎接下一部，现在我读完了全部。

在工作中，我们做事情经常会半途而废，其实真正的原因往往不是难度太大，而是我们觉得成功太过遥远，因为看不到终点而放弃了它。辉煌的成绩不会一蹴而就，它是由一个个小目标的成功堆砌起来的，只要我们一步一步地坚持下去，终有一天会有所收获。

发挥你独特的才华

我听过一节难以忘怀的讲座，约翰逊教授给我们做了一次演讲，他手持100美元，问我们："谁想要这100美元？"绝大部分人举起了手。接下来，他说："如果钞票变成这样呢？"他将这张钞票揉成一团后又问，"现在，谁还要这100美元？"依然有很多人再次举起手来。随后他把钞票扔在地上狠狠地踩了几脚，上面已经被踩脏了，"现在，你们还要它吗？"虽然有人迟疑了，但是还是有很多人举手。

他说道："朋友们，今天我想告诉大家的是，不管我怎么对待这张钞票，你们也想要得到它，因为不管它的形状变成了什么样，它的价值却没有被我贬低，它仍然是价值100元的钞票，你可以拿它买到美味的汉堡。我希望你们知道，我们的人生会经历很多不愉快的事情，但是，无论发生什么，我们的价值不会改变，它并不来源于你的遭遇或者你的作为，仅仅来源于你自身。"

有一年冬天，我到一家成衣店去买大衣，正在试衣服的时候，听到旁边的营业员对另一位买衣服的女顾客说："你的身材很好呢，又高又瘦，穿上这件衣服就像模特一样，我好羡慕，要是也像你一样就好了。"这句话特别熟悉！因为听到过很多人这样说。每个人都希望自己像这个人的鼻子，那个演员的嘴，另一个演员的身材，这些不同的人综合起来，就变成满意的自己。他们都只看到别人的优点，没有看到自己的优点。其实每个人都是独特的自己，在这个世界上没有人跟你完全相同，你的思想，你的行为，你的所有。我想这个营业员并没有注意到自己精致的五官，就像很多人忽视自己一样。

詹姆斯·戈登·基尔凯博士提到：不愿意接受和做自己是"历来就有""人类共有"的问题，许多神经症、精神病的潜在根源就是不愿意做自己。安吉洛·派屈写了有关儿童培训的13本书，他说："一个只想做别人，而不想做自己的人，肯定很痛苦。"

在好莱坞，模仿之风盛行。好莱坞知名导演萨姆·伍德对此深有体会。他说，现在很多年轻的演员都太心浮气躁了，他们急于求成，想成为克拉克·盖博这类明星的替代品，而不是去发挥自己的特色。他无数次告诉他们，观众已经体验过他们的风格了，现在需要的是新鲜、让人眼前一亮的特质，一味地模仿只能带来短暂的关注，甚至毫无出路。萨姆·伍德的经验告诉我，不去模仿别人，发挥自己的特质是通往成功最快速的方法。

我曾问过一家大型电力公司的人事经理保罗·汉克斯，求职者会犯的最大错误是什么。他对这个问题非常清楚，因为这些年他已经面试过几千人了。他回答说："求职者最经常犯的一个错误就是，在回答你提出的问题时，他不能放松下来，说出自己内心的想法，而是尽力去迎合你，说一些他们认为你想听到的答案。这对他们的工作没有任何好处，我们不会要一个毫无特色的人，就像我们不会要一个只会机械工作的机器人一样。"

著名的威廉·詹姆士说过："与我们应该成为什么样的人相比，其实我们还处于半醒状态。我们只运用了身心资源中的一小部分。从更宽泛的角度讲，人类是能突破自己设定的限制的。他们拥有各种尚未被习惯运用的力量。"也就是说，在这个世界上，你是独一无二的，我们都有这样的能力，那我们何必去浪费时间效仿别人呢？

遗传学也告诉我们，你的诞生是由你父母各自的23条染色体组合而成。这46条染色体决定了你的遗传。在每条染色体的任何一处，都有许多乃至数千个基因。在某些情况下，单单一个基因就足以改变一个人的一生。所以，永远别忘了，你是最珍贵而特殊的存在。

卓别林如果在一开始就模仿当红的笑星，那么他现在可能一事无成。鲍勃·霍普唱了好多年的歌也没有让自己成名，直到他开始说俏皮话，开始有了自己的风格才走红。威尔·罗杰斯在杂耍表演时能够一边转动绳子一边说话，幽默诙谐的独特天赋为他赢得了观众的喝彩，可是在这之前他没有利用这个天赋，只是拿着绳子沉默了好多年。玛丽·玛格丽特·麦克布莱德的梦想是成为爱尔兰的笑星，但是一直没有成功，直到她后来做回了自己——一个从密苏里州来的朴实的乡下姑娘，成了纽约最红的广播明星。吉恩·奥特利曾努力把自己打扮成纽约的时尚年轻人，掩饰自己德克萨斯口音，穿上新潮的服装，但是却被人们在背后嘲笑。当他开始走牛仔风格路线的时候，观众才开始接纳他，并且将他视为最受欢迎的牛仔形象。

在这个社会，面对个性有着两种不同的态度。一种是将自己的个性变成他人的盗版。这种人没有自己的特色，只能在世俗的潮流中随波沉浮。而另一种就是过分强调个性，以至于对任何主流的东西都予以否定，这种心态也是不正确的，并不是真正意义上做独特的自己。每个人的个性、形象、人格都有潜在的可塑造性，我们完全没有必要跟风或者走极端，适合自己的才是最正确的。唱属于自己的曲调，画自己风格的作品。正是因为有那么多人保持了自我，世界才会精彩纷呈，生活才会丰富多彩。所以，好好利用上帝赋予你的天性吧。

为大家送上一首道格拉斯·马洛克的诗歌，希望你们好好体会其中的深意：

如果你不能做山巅上的一棵松树，

那就做山谷里的一棵小树——但要是那溪边最好的一棵；

如果你做不了一棵大树，那就做一丛灌木，

如果你不能做一丛灌木，那就做一株小草，

一株能给道路带来生机的小草；

如果你不能做一条大梭鱼，那就做一尾鲈鱼，

但要是河里最活泼的一条！

我们不可能都做船长，但我们可以做船员，

每个人都会有自己的位置。

大事要做，小事也要做，

我们必须要完成分内的事。

如果你不能做条大道，那就做条小径，

如果你不能做太阳，那就做颗星星；

无论成败是大是小，

只要你努力做得最好！

赞美别人，赢得合作

> 即便是用最普通最平常的语言夸奖别人，对你来说是平常又平常的事情，但是对于别人来说，意义却非同凡响，它不仅可以使别人精神愉悦，对你的人际关系和工作也会有积极的帮助。
>
> ——卡耐基写给女人的幸福箴言

美国心理学家威廉·詹姆士说过："渴望被人赏识是人最基本的天性。"很多社会活动家都认为，艺术的赞美无疑可以拉近你和别人的关系，从而创造良好的工作氛围。马斯洛的需求层次理论也指出，人在温饱之后，最希望得到的就是"自我实现"。可见，人们的天性就喜欢被赞美，对方感到身心愉悦，自己也会感到幸福。那么我们如何在工作中学会恰到好处的赞美呢？

你听说过这句话吗？理发师在给人刮脸之前，先要在客人脸上涂肥皂。就是这个道理。伊蒂斯是一位联邦信用合作社分行经理，她是这样处理手下员工工作问题的。伊蒂斯说："我们新雇了一位会计。她在工作中态度很好，而且办事很有效率，客户们都很喜欢她。但是有一个问题是，她在做账目时偶尔会出现错误，仅仅是因为粗心。要知道一个数字的差错是很要命的。在她第二次出现账目错误的时候，我把她叫到了办公室。她显得很是不安。我先是夸奖了她对待工作的热情以及她工作的高效率。随后我委婉地建议她将现金平衡过程复习一下，这样对她的工作有帮助。她明白我对她的信任和良苦用心，逐渐放松了心情，还主动表示要在工作中更加细心。值得高兴的是，以后她再也没有出过错。"

就好像牙科医生用麻醉剂一样，赞美就像是麻醉剂，病人虽然还要饱受钻牙之苦，但麻醉剂却能消除这种痛苦。所以，要想批评别人，而不伤人感情或引起反感，那就请从真诚的赞美和欣赏开始。

在工作中，很多人习惯先把人抬高，然后用一句"但是"开始对别人进行批评。在我们教育小孩子的时候，通常会说："最近宝贝表现真的很乖，成绩也进步很多。但是老师说你手工课做得不好，在这方面还要努力！"这种情况下，孩子先听到了鼓励会很开心，不过在听到"但是"两个字的时候，就知道批评要开始了。对他来说，这根本不是表扬，而是为了批评自己提前设计好的。那么，这次表扬的可信性会大大减弱，最后很有可能起不到效果。我们不妨换个方法，把"但是"变成"而且"。"最近宝贝表现真的很乖，成绩也进步很多。而且老师说你在手工课上很有天赋，如果再多用点心，会很出色呢！"对于这样的表扬，小孩子会很容易接受的。

从侧面提醒别人的错误常常会取得很好的效果，既不会让他们的心灵受到伤害，也不会导致他们的反驳和埋怨。

拉杰在为院子建造小花园的时候，也遇到了类似的问题。在工人结束一天的工作后，他们总是在草坪上留下很多木屑。拉杰看到这个情况很生气，当时他想直接告诉工人，以后记得打扫干净再离开。所幸工人们已经离开了，给拉杰留下了冷静的时间。晚饭后，拉杰觉得自己不该对工人这么指手画脚，并且小花园还要继续施工，如果弄得关系不融洽对双方都不利。于是，他带着孩子亲自把院子里的木屑扫到角落里。第二天早晨，他把队长叫过来说："你们昨天离开时，把草坪整理得很干净。我的邻居也夸你们干活很认真，真的谢谢你们。"当天工作结束后，拉杰还请工人们喝了啤酒。从那天起，队长每天离开前都会让人把草坪打扫干净，并时常询问拉杰对花园的建造是否满意，希望再次获得拉杰的认同。

如果当初拉杰不顾队长的面子直接去投诉，那么后来的工作就不会进行得这么融洽顺利了。保住他人的面子，这是多么重要啊！而我们却很少有人能够顾及这一点，在我们感到不满时，会当着很多人的面批评孩子或员工，而不考虑对他们自尊的伤害！说几句体贴的话、多一些态度的宽容，对于减少这种伤害都大有帮助！

在我的班上，有两位学员曾讨论挑剔错误的负面效果。其中安东尼讲述了一件发生在他身边的事情："在我们公司的一次督导会议上，主管就某个很尖锐的问题，质问一个检查员，问是否因为他的失职，导致产品的不合格率上升。主管的语气很强势，一副'要你好看'的架势。这位检查员听到他的质问，也很不痛快，在回答问题的时候含糊其辞。这使得主管发起火来，不但痛斥这位检查员工作不尽职，而且告诉他如果不想要这份工作，可以直接走，公司不留没用的人。其实这位检查员平时工作还是很负责的，可是主管的这番话，真的让他决意离开了。不妙的是，在检查员离开的时候，跟我们长期合作的几个客户也跟着他转到了另一个公司。据我所知，这位检查员在新的公司工作得也非常称职。"

在安东尼讲的这件事情上，我认为即便这位检查员真的做错了，主管也不该因此打击他的自尊，让他失去颜面。造成最后这种结果是所有人都不想看到的。

另一位学员安娜也讲了一件相似的事情，但是处理方法和结果却大不相同。安娜小姐是一位食品公司的市场调查员，在做一份新产品的市场调查时，由于计划有一个数据错误，导致整个调查必须重做。但是调查报告第二天就要提交了，她也没有足够的时间跟老板沟通这件事情。安娜忐忑地带着这份报告来到了会场，"当时我心情糟透了，快要哭出来了，但是我不能让情绪失控，那样老板更会觉得我不能承担这份工作。于是，我指出了这份报告中的错误，并保证在下次会议时，提交一份准确的数据。报告完成后我心想老板一定会发火。但是，他只是感谢我的工作，并强调每个人都可能会在计划中出现错误。而且他相信我的第二次调查会更准确，对公司更有意义，并说我缺少的是经验，而非能力。"安娜听到这些话时，心中只有感激，当她离开会场时，她心中已下定决心，不会再让老板失望了！

正如法国作家安东安娜·德·圣苏荷伊曾写道："我没有权利去做或说任何事来贬低一个人的自尊。重要的不是我觉得他怎么样，而是他觉得他自己如何。伤害人的自尊是一种罪。"

现在，以我的个人经历来讲，我相信如果你径直指出某个人的错误，那么不仅不会收效，而且还会适得其反。你指责别人的时候，不但夺去了别人的自尊，也使自己成为不受欢迎的人。

不要惧怕批评

应对批评的方法就是：只要是你心里认为对的事，那就尽你最大的能力去做，因为你反正是会受到批评的。如果你能学会应付这种批评，那么相信你以后不管你遇到什么状况都会应付得更好，更加有信心。

——卡耐基写给女人的幸福箴言

如果你因为害怕遭到批评，而避免参加宴会，不敢结交朋友，甚至拒绝一份好的工作机会，那么你不仅会局限了自己生活圈，还会使得你的自信越来越少。更可怕的是你可能形成心理学家称之为"自我应验预言"的心态。即你总是肯定自己必然会遭到别人的批评，于是你开始做出那些必然会引起批评的行为。你心中决定了，"他们是对的，我就是如此"。于是你就真的变成那样。这种想法在职场中是十分可怕的，因为它会导致你裹足不前，工作起来畏首畏尾。

具有"地狱魔鬼"之称的斯梅德利·巴特勒少将，曾是海军陆战队最具个性、也最爱寻衅挑事的将军之一。就是这样一位看上去霸气十足的老将军，他在年轻的时候也是一个害怕批评的人，急于得到别人认可的他，希望给所有人留下好印象，任何的批评就好像对他整个人的否定。他说："30年的军旅生涯磨炼了我，我曾被人说成是卑鄙伪善的人，也被自己的战友诅咒过。现在，我再听见有人骂我，我连头都懒得回！"强悍的巴勒特对于批评的抵抗力可能太强了，但是，我们中的大多数确实把批评和嘲笑看得太过严重了。

我曾为一个媒体团队上过成人教育班的示范课，课上有一位编辑对我上课的内容表示很不屑，在讲课的过程中他几次提出刻薄的问题故意刁难我。当时很影响我上课的心情，但是我没有发作。本以为这件事情就这样过去了，没想到这个编辑在结课后，写了一篇关于我和我的工作的讽刺文章，大体是说我的工作是没用的，只会说些虚伪的话，对社会没有意义。看到这篇文章后，我勃然大怒，我把这篇文章看成是对我和我的职业的侮辱。于是，我打电话给这位编辑所在的杂志社，要求他们刊登一篇澄清事实的文章，并为自己的行为道歉。

如今再想起这件事来，我也只不过是一笑而过，觉得并没有那么严重，也不值得自己生如此大的气。我现在了解到有一半的读者并没有看到那篇文章，而看过这篇文章的人，对这篇文章的内容也忘得一干二净了。

人们是不会注意到你的，更不会在意别人说了你什么，人们关注到的只有自己。即使你被欺骗得倾家荡产，即使你被最亲密的朋友背叛，即使你得了重病将不久于人世，对于这些他们所做的不过是云淡风轻地描述给别人听，然后加上几句无关痛痒的惋惜之词。所以，我们也不要沉溺于自艾自怜。耶稣就被自己的最亲近的十二个门徒之一出卖了，还有另一位门徒在耶稣受难时公然抛弃了他。想想耶稣的遭遇，当我们在面对批评时，又有什么境遇是不能面对的呢？

所以，很长时间以来，我都在学习一件事情，那就是我无法避免他人对我的批评、指责，但是我可以决定我是否要受到这些指责的干扰。当然，我并不是提倡对批评一概摒弃，一些有道理的批评我还是会认真听取的，我只屏蔽那些故意伤害我的不公平的指责。

瑞秋是一个民权组织的领导者，她曾多次组织市民到街上游行，以抵制富人对穷人的不公正待遇。要知道这是一个颇受争议的工作，这期间她受过太多来自媒体或者政府，甚至是市民的指责。我向她询问她是如何应对不公批评的。瑞秋告诉我："我从小就是个自卑的女孩，认为自己各方面都不出色，于是在学校与朋友交往的时候表现得非常害羞，而且很没有主张，我以为这样别人就不会指责我什么，但是后来我发现，这样非但没有让朋友喜欢我，反而遭到了大家的嫌弃。与其这样，不如放手做我内心认为对的事情。因为不管怎样，你都无法让每个人对你满意。"所以，放手大胆地做你想做的事情吧。

已故的美国国际公司总裁马修·布鲁斯也遇到过相同的问题。他说："我年轻的时候对批评相当敏感。我想让我的每一个员工都觉得我是完美的。对于那些反对我的人，我会努力去取悦他们，但是我发现我这么做了以后，非但没有扭转他们对我的看法，反而让其他的人对我有不满。我又反过去安慰那些人。周而复始，弄得我疲惫不堪。所以后来我给自己制定了一个规则，那就是尽我的努力做好一件事，对于外来的批评，不要太过关注，因为你做了领导，那么注定是要被批评的。"

当然，在面对批评我们的人时，无论他们的动机是怎样的，我们都不能对人产生猜忌心理，认为每个人都在针对自己，这是相当危险的信号。就算一个形象很正面的公众人物也难免要受到不公平的批评和恶意的诽谤呢。就连人人崇拜的民权主义偶像杰弗逊也曾经毫无防备地被人用泥团打过。

在交谈之中，如果对方有意无意地触犯了你，把你置于尴尬境地，你可以试试借助自嘲来摆脱自己的窘境，这个做法也许可以让你的心里减少一点压力。所谓的自嘲，就是自我嘲弄。表面上是在嘲弄自己，其实并非如此。

美国总统杜鲁门会见麦克阿瑟将军时，麦克阿瑟将军的态度十分傲慢。会见过程中，麦克阿瑟拿出烟斗，把烟斗叼在嘴里，并取出火柴。当他准备划燃火柴时，才停下来，对杜鲁门说："我抽烟，你不会介意吧？"

很显然，这不是在征求杜鲁门的意见，而是摆出一副"我要抽烟了，你不愿意也没有办法"的姿态。这时候，如果杜鲁门拒绝了，会显得自己很霸道。

但是这种傲慢无礼的态度使杜鲁门感到有些难堪。然而，他只是看了麦克阿瑟一眼，自嘲道："抽吧，别人喷到我脸上的烟雾，要比喷在任何一个美国人脸上的烟雾都多。"

由此可见，当令人难堪的事实已经发生时，运用自嘲能使你的自尊心通过自我排解的方式受到保护，并且，还能体现出自己的大度胸怀。

在生活中，很多人害怕遭到上司的为难和责难，或遭受他人的批评与抨击，但是人们必须做好随时接受责难的心理准备，即使这些毁谤毫无根据。林肯对应付批评有一套审慎又实际的方法。他说："即使我们反驳他人的抨击，可能还是换回不了小店关门的命运，我以竭尽所知所能的态度去做事，不到事情尽头，绝不罢手，如果最后证明我是对的，那么他人的批评又有什么关系，如果事后显示我是错的，那么，即使十个天使的保证，也是枉然。"

向敌人表示谅解，对他们的言辞表示释然，然后按着自己的原则继续奋斗下去，只有这样的人才是真正的了不起，无论处于何地，皆可轻易地将成功操纵在手中。

寻找工作和生活的平衡点

在生活中具备对工作的认真负责的态度，在工作中融入生活的乐趣与激情。我相信这样才能更好地生活，才能有效地工作。同样，你也可以以快乐的心境来面对困难和挫折。

——卡耐基写给女人的幸福箴言

你是工作狂吗？你对工作的痴迷是不是已经超过了你的家庭？

你每天工作经常超过8小时吗？

上下班的时间界限对你来说，越来越模糊，你甚至会把工作带回家？

跟朋友吃饭，聊着聊着，话题还是会被扯回到工作上去？

你是不是经常腰酸背痛、失眠、头痛、精神烦躁？

当有什么重要的聚会，你的家人和朋友已不再期望你准时出现……

如果以上的条件，大多数你都符合，那么你已经打乱了工作和生活！

工作和生活是互相依存的。就如同画一道弧线，关键在于学会平衡！平衡把握得好，那就是一道完美匀称的弧线；反之，则会扭曲变形，变得奇形怪状。要知道，工作只是生活的一个内容，而不是生活的全部。

工作是为了维持生存，但是我们的人生不能局限于维持生存的底线，除了工作我们还有许多的事情要去做，去享受。那些除了工作，没有其他兴趣可言的人，我认为他们只是机器。这样的状态除了让你疲惫不堪以外，还会造成健康受损、家庭关系紧张，十分不值得。我们必须要有这样的基本认识，才能让自己的人生过得更舒适、更愉快、更有收获。

那么，对大多数人来说，事业和生活同样也是一种熊掌与鱼的关系。然而，我们这篇故事的主人公丹妮丝却认为，她能让这两者保持平衡。

在德克萨斯州的一个小村庄里，丹妮丝度过了自己安谧、恬静的童年生活。这让丹妮丝从小对大自然有一种向往和依赖。然而，她却有自己的梦想，她想做出一番事业，向世界证明自己的价值。在丹妮丝25岁的时候，幸运的大门为她开启了。丹妮丝加入了美国联合航空公司。进入公司后，她立刻被公司的文化及全球事业所吸引。对新工作有极大兴趣的丹妮丝表现十分出色，领导很欣赏她，把她派往欧洲管理业务。

在去欧洲的旅途中，丹妮丝结识了丈夫迈克。一年后，他们的第一个孩子到来了。当时丹妮丝的工作需要她不停地在不同国家飞来飞去。"如果我想在公司中保持现在的地位，就必须不断地投入，可是这样就不能很好地照顾到胎儿，而且结婚一年与丈夫也是聚少离多。显然对整个家庭是不利的。"在权衡利弊之下，丹妮丝认为家庭比事业更为重要。最终，丹妮丝离开了航空公司。

对于这个决定丹妮丝并不后悔："自己是否成功和幸福？每个人都会有不同的答案。有些人觉得大量的金钱和豪宅才是成功和幸福；有些人觉得，有一个响亮的头衔，工作中被人簇拥着才是成功；有的人觉得能够随时出发旅行，自由自在是幸福。但在我这里有一个美满的家庭以及自由是最重要的。成功与否全在自己的内心感受，现在的我觉得自己非常幸运。"

三年后，丹妮丝再次出来工作，有着之前的工作经验，美国联合航空再次聘用了她。良好的状态帮助丹妮丝成功地把航空公司的业务发展到了亚洲的一些国家。到这里，丹尼丝的工作和生活都有了美好的收获。对于未来，丹妮丝依然有着自己的期望，而其中重要的一条是：要学会享受工作和生活。

我们能否也如丹妮丝一样，在工作中成长，在生活和工作之间找到来之不易的平衡，从而让自己达成更大的飞跃呢？这里有一些方法，如果照着做下去，会帮你找到这个平衡点：

1. 不要过多预订。

对于人们来说，一个工作日内所接受的工作量是一定的。我们之所以感到疲惫的原因是事情往往不按你所期望的方向发展。这意味着大量的时间浪费在不能履行的约会、不会回复的电话以及其他不会发生的事情上。所以，不要尝试计划太多的事情。

2. 弹性的工作时间。

整理你一周之内做的每一件事情，包括工作之内和工作之外的。把它们列出来，决定什么是最重要的，什么是你最想做的。删除不必要的活动。如果你没有做出某些决定的权利，可以和你的领导商谈。多给自己一些弹性的工作环境更能够减轻你的压力，同时可以释放你的一些时间。分享工作、可伸缩的工作时间都是很好的选择。

3. 合理安排计划。

有计划地完成你的家务事，一次出行完成所有的跑腿任务，是你能够节省时间，获得更大乐趣的两个方法。同样的，尝试制定一个包括重要日期的家庭日历、一个需要做的事情的每日清单，这会帮助你避免最后期限临近时的手忙脚乱。

4. 学会拒绝。

在工作中，我们可能会应同事的请求伸出援手，做一些自己职责之外的事情。虽然有时会让我们感到负担，但是拒绝别人又于心不忍，于是只好牺牲自己的时间。要避免这种情况出现，我们应该在保证完成自己任务的前提下，再为同事提供帮助。有时候实在抽不出时间，在不冒犯对方的前提下，你可以向同事解释自己不能提供帮助的原因，如果可能的话，提出一些建议。

5．慢下脚步。

生命的过程很美丽，不要因为匆匆的脚步错过风景。放慢脚步享受你身边的事，陪伴你的家人。工作中，一杯醇香的咖啡，一次与同事愉快的交流，生活中，每个晚上和家人的欢聚娱乐，独处时看一部电视剧，或者听听莫扎特，这些都是放松心情的方式。

6．不要刻意追求完美。

尽力做好就可以，时间管理不是一门精确的科学。不要因为纠缠于每件小事而过分劳累，停止追求完美吧！学着暂时忽略一些事情。比如说，工作总结不用每天都做，屋子不用每天都一尘不染。要意识到一些无关痛痒不会对你的生活造成冲击，允许自己随遇而安。做你能做的事情，并且享受过程，将会更有乐趣，更能提高生产力。

7．保证充足的睡眠。

在睡眠不足的情况下工作，没有比这更沉重，更具危险性了。不仅仅会造成你工作效率不足，还会招致灾难性的错误。或许，到那时你要牺牲更多的时间来弥补那些错误。

8．家人和朋友的支持。

在压力沉重，艰难困苦的时候，与你的家人和可信赖的朋友进行交谈，是给自己的一份礼物。永远不要忘了，家庭是你停靠的港湾。

一个真正拥有了适合自己的生活的人，一定是热爱自己工作的人。他们不为金钱所累，有时间陪家人和朋友，有各种丰富的计划，并有信心实现它们。记住，处理好工作和生活的关系，让自己平衡起来，就算这样让自己看起来不是那么"上进"，你也无须为此感到内疚。

第七章
做最有魅力的妻子：
用睿智的情感缔造成熟的爱

放弃一根小小的刺，可以得到更多的幸福，好妻子懂得如何在婚姻里收起锋芒只奉献出芳香；好妻子能酝酿一份最有魅力的芬芳献给自己爱的人，并能感染整个家庭和社会。

充分表达你的爱意温柔

> 女人的爱意温柔不仅能自己受用，同时也在不知不觉中取悦别人。女人一旦温柔起来，心底里深藏的浪漫情愫立刻就会变成明媚的阳光，把男人融化掉。
>
> ——卡耐基写给女人的幸福箴言

当结婚纪念日，丈夫为你预订了浪漫的烛光晚餐，并给你准备了你喜爱的玫瑰时，别忘了把幸福的感觉表达出来，让他知道你很感激他的用心，并且非常喜欢这件礼物。当他把花园里的花草修理整齐后，也不要忘了告诉他，干净的花园让你的心情很好，你都想和他坐在花园里喝咖啡了。

很多男女在结婚之前为了得到对方的爱，总是把爱挂到嘴边，从不吝惜赞美和金钱，但在结婚之后却不像恋爱时那样"勤劳"了。不单单是嘴巴开始变懒，对对方的体贴和关爱也变得很少了。

俄国的沙皇时代，在上流社会享受了一顿丰富的美食后，他们总会把厨师请出来，当面赞美他们的厨艺，以及表达自己的感激之情。用在夫妻感情中是一样的道理。"我爱你！""你是最棒的！"把这些感情直接表达出来，是最能激发夫妻间感情的方式。一句温暖的话，会让恋人更加亲密。一句称赞的话语，能让夫妻间的爱情保持新鲜。

爱要说出来，但同时更要用行动表达出来。工作太忙不能按时回家，一定要及时给对方打个电话知会，并告诉他你很想他；疲惫地回家后，给对方一个大大的拥抱；生活中遇到烦心事，省去不必要的抱怨，给一个安慰的微笑；一起看一场球赛跟他分享比赛胜利的喜悦；纪念日为他准备一份贴心的小礼物；每天起床道一声早安，一个轻吻……这些都是生活中微不足道的小事，对平常的人来讲，就是这样细微的方式才最容易使婚后平凡的生活更加甜蜜。因此，如果你要维持家庭生活的幸福快乐，充分表达你的爱是很重要的一个准则。

　　当然，作为女人，温柔体贴同样是必不可少的。大部分的男人，在寻找适合自己的太太时，相比较一个干练、什么事情都能搞定的女人，男人更愿意找一个拥有浪漫小情怀的可人女性，这能让男人感到贴心并且被需要。

　　试想，和一个气质高雅的独立女性一起共进晚餐，她可能有很丰富的学识，你说的每一件事她都有很好的见地，甚至还会提出由她来付今天的账单。你可能很高兴和她共进晚餐，但可惜只是一次而已。但也许换一个没有太多学识的销售店员就不同了。当被请去吃饭时，她会以热情的目光注视着你，并对你的话题表现出兴趣和好奇，她的深情和对你的崇拜，会让你感到："她也许并不美丽，但是她给我的感觉很舒服，让我觉得自己像个英雄。"

　　没有一个人因为受到情人的体贴而生气的。夫妻之间发生争吵时，需要对方用关怀体贴之情去化解。当你发现对方工作繁忙，少了与你沟通和陪伴你的时间，要懂得体谅、关怀对方。佩妮在跟一位男性在谈恋爱时，遇到过这样一件事。在情人节的前几天，佩妮因为公事需要出差一周，这就意味着她会错过与爱人共度情人节的机会。然而，在情人节当天，这个男人还是收到了一盒巧克力，这让他感到很惊喜。原来，体贴的佩妮在出差前，专程到巧克力店，预订了一盒巧克力，并叮嘱店员在情人节那天，把这盒巧克力送往他的住处。这个男人非常感动，在佩妮回来后，特意补过了一个浪漫的情人节。佩妮就是一位体贴入微的女人。当男性收到这样的关照时，他对佩妮的爱会在无形中扩大，并且想给对方更好的东西。这也是女性展开的最有效的"攻心战术"。这种方法可以用在生活中很多方面，聪明的你，想通了没?

我在拉斯维加斯出席一位老师的葬礼时，在墓地中看到一块墓碑，上面写着：我最温柔可爱的妻子。我当时的感受是，这位丈夫一定是个幸福的人，他一定是与妻子度过了许多美好的时光，才会有如此之深的爱的感受，才会把这些字刻在墓碑上。

然而，在世界上有许多深爱着自己丈夫的女人，却并不知道如何让她们的丈夫获得快乐和幸福。她们内心怀着满满的爱意，却总是用错误的方式表达出来：应该让丈夫出门的时候，她却用各种琐事缠住他不放；当丈夫想要一个安静的空间时，她却仍然喋喋不休；在处理家务事时，她总是抱怨对方做得不够好。

博得男人的爱并不是那么难，就像一位出色的女秘书，总是知道什么样的方式能使老板感到舒适和自在。她会去研究老板的嗜好，知道他喜欢什么，也知道什么东西会让他生气，以及在怎样的环境下可以把工作做得最好。她会试着改变一些做事方法，比如她会把每天早上的咖啡换成红茶，如果她的老板更喜欢红茶。作为妻子，你也可以使用这些技巧。最让人感到幸福的婚姻，都是建立在妻子能够体贴丈夫，并让他感到快乐这个基础上的。

罗斯福总统的夫人伊莲娜在丈夫出差的时候，总是安排一个儿女跟随。在演讲的旅途中，孩子有说有笑的陪伴，能够有效地让总统先生在吃力的行程压力中放松自己，对于这个安排，总统先生对伊莲娜表示很感激。

奥嘉·卡巴布兰加夫人也是用了这个方法。卡巴布兰加先生曾经是古巴外交官和著名的西洋棋冠军。一个成功的男人，往往会有一些固执的想法，卡巴布兰加先生也不例外。很多时候他总是坚持自己的看法不妥协，但是，两个人的婚姻生活却很美满，他们享有浪漫的爱情，能够相互尊重。这就要归功于奥嘉·卡巴布兰加的一些小心思了。当卡巴布兰加先生安静地看书的时候，奥嘉不去打扰他，而是拿一本书陪他一起看。丈夫是一位喜欢哲学和历史的人，奥嘉甚至放弃自己喜欢的文学名著，去试着读丈夫喜欢的书，结束后还会与丈夫分享看书体会。用奥嘉的话："我是为了赶上他的脚步，这样我们谈话才会更有默契。"当丈夫心情不好的时候，奥嘉也会留他一个人静静地思考，只是在合适的时候送上一杯热茶和一份点心。奥嘉是个热情结交朋友的人，喜欢参加舞会，但是她的丈夫却不喜欢太热闹的环境，所以她心甘情愿地放弃了许多社交聚会。

奥嘉的温柔体贴丈夫都看在了眼里，并用实际行动回报了亲爱的妻子。在卡巴布兰加先生看来，赠送礼物是件可笑而且幼稚的事情，但是在圣诞节的时候，他却提前好几天去百货商场为妻子选购礼物，当丈夫把精心包好的礼物送给奥嘉时，她也被震惊到了。因为她根本想不到丈夫会送给她如此浪漫的礼物。看到太太喜悦的表情，卡巴布兰加先生也感到了由衷的幸福。卡巴布兰加太太是如此用心地为她先生的幸福创造条件，而她的先生也在博取她的欢心的同时得到了许多快乐。难怪他们的婚姻会如此成功了。

让一个男人感到舒适，并让他按照自己的意愿去做他必须做的事，这就是一个女人最大的温柔体贴了。也许有时候需要你去迁就丈夫的喜好和方式，参与他热爱的活动。但是，这些都是值得的，因为丈夫会感受到你的用心良苦，他会以更多的爱来回报你。时光流逝，最美好的事情就是，在你们头发花白时，他依然携手对你说："你是如此温柔可爱。"

做丈夫乖巧的听众

> 拥有一双敏感而受过训练的耳朵，将会使一个女人变得更加可爱，并使她有一张温柔美丽的脸孔，而且还能为她的丈夫带来更多的好处。
>
> ——卡耐基写给女人的幸福箴言

　　丈夫从妻子这里得到的最大的安慰和宽心，便是善于倾听自己。一个善于倾听的女人，能够积极配合丈夫的谈话、掌握交谈的节奏，让人感到身心舒畅。这种女孩子不仅能够在家庭关系中获得成功，同样能在社会和朋友中获得成功。

　　其实，听人说话也需要技巧，如果你是一个善于倾听的人，就会在适当的时刻加入到谈话当中去。一个面无表情的听众，是最让说话的人觉得扫兴的。最好的沟通办法就是在谈话中不时地问他一些问题，以表明你正在听他说话；在提到你感兴趣的地方时，你还可以和他分享下你对这个观点的看法，在交流中产生共鸣。但是一定要注意话语简洁，不要长篇大论，然后再将谈话的主导权交给他。像这样的倾听，就不是单调的独白，而是一种积极的双向沟通。女人一旦掌握了倾听的艺术，就会与男人相处得更加愉快，进而与其他人相处得更融洽。

可是，我们在生活中，经常看到的是，一些男人很想把他们的想法或者困扰说给太太听，但是太太们却不想或者不知道该如何去听。

1951年秋天，《财富》杂志专门针对公司员工的妻子做了一项这方面的调查。结论是：一个妻子能够让丈夫把他在办公室无法发泄的苦恼全部说给她听，这就是妻子做到的最重要的事！而且，通常丈夫在向妻子倾诉时，只是单纯想要发泄出来，他并不需要妻子给予忠告。

如果你有过工作的经历，就会知道，如果回家后可以和某个人谈谈这一天所发生的事情，不管是好的还是坏的，这都是一件让人感到欣慰的事情。因为，在办公场所，我们的理智告诉自己，不要过于表达自己的情绪。工作上取得了成功，我们不能放声歌唱或者大笑。遭遇了困难，我们也不能放任自己向老板和同事宣泄。所以，我们只能找最亲近的家人诉说。

但是，有时候事与愿违。也许，她并不懂得或者不想倾听。比伯在今天公司的会议中表现十分出色，得到了老板的表扬。心情愉快的比伯几乎是冲到家里："亲爱的，你知道今天对我来说多么重要吗？今天公司开年度计划会，我所做的那份计划报告得到了老板的认可，他们想要让我主持这个工作，而且……"妻子在厨房边准备晚餐边说："这挺好的！我今天回来的比较晚，我把东西热一下，咱们就吃点比萨好了，这一天真够累的，我真想现在就躺下睡觉。""可以，亲爱的。你不知道当老板说让我来管理这个计划的时候，所有人都羡慕地看着我，要知道我刚进公司一年，能得到这样的赏识是多么不容易。"妻子手里摆弄着烤箱，淡淡地说："嗯，你能成功，我早就知道。这个烤箱好像坏掉了，我早就说过要换一个新的，前几天在谢利家看到的那款就很不错，我喜欢它的样子，价格也合适。我们周末去商场看看吧，我可以用新烤箱做更多的点心。"这时，比伯已经意识到，在这次的谈话中自己已经失去了主动权，接下来的主要内容一定是烤箱。比伯失望地吃着手中的比萨，妻子还在旁边不停说着烤箱的问题，但是比伯已经完全不知道妻子在说些什么了。吃过饭后，比伯没有跟妻子做过多的交流，而是独自一人回到房间。其实，并不是妻子自私得只希望别人听她的谈话。她和比伯都需要一个听众，只是她把时间搞错了。只要她认真地听完比伯今天在会议上的精彩表现，那么事后，比伯也会很乐意帮助她解决问题。

女人是怎样形容一个懂礼貌的男士的呢？"当我把一件他完全不懂的事情说得天花乱坠的时候，他不会表现得不耐烦，仍然饶有兴趣地听着。"其实，女人同样适合这样的描述。一个善于倾听的人，有时候也会被一些无聊的事情弄得心烦意乱。但是，用心地倾听所得到的收获，通常可以增加许多知识。

记者罗伊在一篇写给《纽约时报》的文章里，提到她在许多国家参加一些会议时的感受："许多时候，在听到他们用一个下午的时间做一些没有目的的交谈或者聆听一些漫长的会议报告时，我也感到无聊，甚至难以忍受。但是，我想与其在这里发呆等待时间过去，还不如加入到谈话，毕竟我从他们那里可以了解到那些国家的情况和以前从未听过的见闻，这是一个意外的收获。比起把自己封闭起来，我现在更愿意当一个有智慧的听众。"

那么，怎样才能成为丈夫的"好听众"呢？你至少要做到以下三件事情！

第一，不要单纯地用耳朵听，一个好的听众要把眼睛、表情和整个身体带动起来。在对方说话时，我们专注地看着他，身体稍微向前倾斜，表示我们正在认真地听着。当一个好的听众，不仅可以给说话者积极的暗示，还可以从中获得许多知识。玛乔丽·威尔森是魅力训练方面的专家，她说："如果我们在倾听的过程中，听到一句话触动了你的心，那么，你就应该动一下你的身体或者变换一个姿势，表示你被对方的话打动了。这是对说话者一个最有力的鼓励，如果听众没有什么反应，很少有人能把谈话进行下去的。"

所以，作为一个好的听众，就必须做得好像我们很感兴趣，我们必须训练我们的身体，机敏地表达自己的感情。

第二，适当地问一些问题，让对方知道你对此感兴趣或者想了解更详细的情况。这里的问题是指问一些有诱导性的问题。有时候直截了当的提问会显得无理，但是诱导性的问题却可以刺激谈话，并且可以继续推动话题进行下去。

如何提出具有诱导性的问题，是任何一个想要成为好听众的人所必备的技巧。当你在倾听丈夫的谈话时，并且想要提出一些忠告，那么，你最好使用诱导性的话语。如果丈夫在表达对某位同事的不满，而你却不这么认为时，记住，不要直接对他说："我不认为你的同事有什么不妥，是你的做法有问题。"不如换一种说法："如果你是你的同事，你会怎么做呢？也许他有自己的顾虑。"你提这种问题并不是直白地批评他，但是这种问法常常会得到不同的效果。

第三，对于丈夫告诉你的这些事情，不要把它当作闲话泄露给你的朋友，更不要把它们当作笑话一样讲给别人听。很多男人不愿意与妻子讨论事业问题的一个原因就是他们不能保证妻子能把这些话放在心里。我曾访问过的一个公司的业务经理，他对跟妻子讨论工作的问题讳莫如深。因为有一次谈话中，他把公司计划的业务方向告诉了妻子，而后来在一次行业酒会中，妻子当作闲谈，把这件事透漏给了对手。这件事让他在公司的名誉受到了很大的损害。对手也因为这个消息抢占了先机。亲爱的妻子，这样的泄漏足够致命了！

成为一个好的听众，你不必对丈夫的工作了如指掌，也不需要一针见血地指出错误。如果她的丈夫是个程序员，他不会希望太太了解如何编写程序。但是，当他工作的时候，她要对发生在他身上的事情具有同情心、有兴趣，并且提高注意力就可以了。

我认识一个航天研究所的机械师，他的妻子对于他所研究的行业一窍不通，但是这位机械师却说：她虽然不了解我的专业，但是我所说的所有事情，她好像都能心领神会，也许只是一个会心的微笑。这让我跟她交流得非常轻松。能够每天在她身边，知道她将会灵巧而有耐心地听我讲话，这真是一件奇妙的事情。

所有的女人，一定要明白这个道理：上天给我们两只耳朵一个嘴巴，就是要我们少说多听的。善于倾听，等于是在表达自己的过程中，也给别人表达的机会。

彼此留点空间和自由

> 夫妻之间要彼此留点空间，多一份信任，少一些猜疑，只有这样才能看护好自己的爱情，使自己的爱处于不败之地。
>
> ——卡耐基写给女人的幸福箴言

夫妻相处都应当给对方留一些自由或是自己的活动空间，有两个简单的寓言故事能够很好地表达这个意思。一个是手中的风筝，对方像一只风筝在天空飞翔，如果我们怕他飞得太高，而去紧紧地扯着线，那么他迟早会重重地跌落下来。我们要做的是适当地放开线轴，只要手中牢牢握住那根风筝线就足够了，这就需要给对方自由活动的空间，让他去展翅翱翔，最后还是要回到自己的身边来；第二个是手中的沙，将一把细沙握在手里，如果谁想紧紧地把细沙攥在手里，结果就会事与愿违，细沙会迅速地从指缝漏走。如果温柔地将他捧住，细沙会安好地留在手中。这就是要我们设身处地地为对方着想，宽宏大量必然会让对方无比感激，最终还是会留到自己的手掌中。

在日常生活中，妻子总希望丈夫能时时刻刻陪在自己身边，可是丈夫却并不愿意。即使妻子为丈夫做了可口的饭菜，让丈夫感受到了女人的温柔，可丈夫仍感觉不到快乐。在这种情况下，妻子越是看牢丈夫，丈夫会越是想逃离这个家。

在婚姻生活里，每个人都需要有一些空间，不只是物理的空间，像有一个小房间，可以把自己关在里头；还要有心理的空间，心理的空间可以假想为一个人心理上的小房间。没有这个空间，人不可能成长，如果没有成长，即使感情再好的夫妇最后也会彼此厌倦。

贝塔尔夫妇的婚姻已经有十年了，十年来两人一直陪伴着对方。妻子大部分时间待在家里处理家务，丈夫下班后也很少参与公司的活动，而是直接回家陪伴妻子。日子虽然温馨和睦，但是时间长了贝塔尔夫妇也觉得日子太过平淡，失去了激情。

有一次，贝塔尔先生因为公事需要出差一个月，这是两人结婚后第一次分开如此长的时间。最初，贝塔尔夫人对这种境况很不适应，独自在家的她，在做完自己的事情后，变得无所适从。心里总想着丈夫出门在外能不能照顾好自己，或者工作中有没有遇到困难。过度的思念和忧虑竟然导致她失眠了。

这样过了一个星期后，贝塔尔夫人决定要改变这种状况，为了打发时间，她开始参与社区的集体活动，与附近的邻居一起去教堂参加礼拜，或者是去公园聚会大家坐在一起聊聊生活中的小事。晚上她还会参加朋友举办的派对，大家在一起说说笑笑，热闹的气氛，让贝塔尔夫人的不安一扫而空。最重要的是，她发现生活变得比以前有趣多了，这是独自和丈夫相处时不能体会到的快乐。而丈夫呢？出差在外这段时间，也经历了与妻子差不多的心情，逐渐放松下来的他，同样也呼吸到了自由的空气，感觉格外轻松。

这就是空间所带来的夫妻间的快乐与幸福。在两性生活中，夫妻需要尊重对方的嗜好，并给对方充足的空间，这样才能缔造美满的婚姻。如果一味要求两人思想、步调、见解都相同，这是十分可笑的，也是不可能实现的，时间长了生活也会变得没有激情。

很多事业有成的单身男人都有这样一个想法：找一个女孩陪伴，这个女孩不需要多么美丽或者富有，只是当我需要独处的时候，能够给我足够的时间和空间，让我去做我喜欢的事，那就是最幸福的事情。如果有这样一位女孩，她将是一个完美的妻子。

有人说，女人结了婚以后好像被赋予了侦探的能力，对丈夫总是各种打探，无时无刻不想知道，对方跟谁在一起，说了哪些话。难怪很多丈夫都会抱怨，以前单身自由的日子没有了。当男人把"家"定义为牢笼的时候，他便会向往着能够冲出牢笼，去拥抱外面的世界，这是个很危险的信号。而女人的感觉是什么样子呢？在自己的监管下，丈夫貌似变得乖顺了，但是这种顺从也使男人失去了魅力，变得不再可爱。如果你给男人充分的个人空间，他也会知恩图报的，会倍加珍惜妻子的信任，在外面累了，自然会想回到你怀抱。

在与大学同学聚会的时候，我的好友弗兰克就遇到了这样的问题，虽然聚会不到一个小时，但是我能感到弗兰克的妻子把他看得太严了。我们刚坐到酒吧，他的妻子就打来电话，问弗兰克跟谁在一起，还要他把名字一一报出来。隔了半个小时，第二个电话又打进来了，妻子抱怨弗兰克不该在周末把她和孩子扔在家里，自己去快活。忙了一个星期，本来想让弗兰克带孩子去上游泳课，现在还得她亲自去。弗兰克在电话里对妻子表示抱歉，并解释说这些同学已是好几年不见。挂掉电话后，本以为就此结束了，没想到一个小时后，电话又打进来了，这次妻子严厉地指责了弗兰克，并下了最后通牒，要求他半个小时内回家，不然就在外面找地方睡觉。

在接到这些电话的时候，我能看到弗兰克脸上尴尬，却又不好发怒的表情。果然在挂掉第三通电话后，弗兰克再也无法忍受，开始向我们抱怨对妻子的不满："我的妻子几乎要霸占我所有的业余时间，就连上班有时候也会打电话问我在做什么。下班后，我本想看一场棒球比赛，她却非要我跟她一起去逛超市采购。周末的时候，跟朋友出去打一场保龄球，都要三番五次打电话让我回家。尽管她认为这是对我的爱，但是这一切压得我喘不过气来，我感觉我像一个失去自由的犯人一样被监视着。我几乎后悔与妻子结婚了。"

很多女人不懂得这个道理，男人需要用心来爱他，而不是牢牢地看住他，真的想要看住一个男人可不是一件简单的事，在你费尽心思让他完全属于你的时候，你其实正在慢慢失去他。与其这样，还不如让他自由生活，就好像放风筝，飞得再远，线还捏在手里，如果你们彼此真心爱着对方，你还会担心他飞走吗？如果对爱失去了信心，你再怎么重兵把守，也还是留不住。给你的爱人空间，也是给自己一个解脱，让男人在自己的社交圈里去打拼，你也可以拥有自己的时间，约上几个好友聊天、喝茶、逛街，这是多么美妙的事情啊！

在夫妻之间，会发生周期性的"休眠期"，也就是说在婚姻中有感情热烈的时刻，同时也有冷静安歇的时候，爱情也需要休息，而这个休息调整是为了下一个高潮的来临。经过一段时间的相处后，夫妻会对对方产生厌倦、冷漠甚至带有敌意的情绪。这个时候你要给对方独立的时间和空间去调整，不要去猜疑、指责对方。

托马斯的妻子总是想让他陪在自己身边，托马斯有几个好朋友总是找他去打球，几个人经常约在周末的下午。这就占用了托马斯陪妻子逛街或者看电视剧的时间。所以，妻子对几个人感到很厌烦。于是，她想办法不让丈夫出去，把球藏起来或者把需要穿的衣服放到水里弄湿，甚至在见到托马斯的朋友时，表现得很不友好。时间长了，朋友们都自觉地不再约托马斯打球。妻子的目的看似达到了，但是却引起了丈夫的极大反感，自己的爱好被剥夺，朋友也越来越远离他。这让丈夫开始与妻子赌气，即使在家待着也不愿再和她说话，他们的心也越来越远了。

丈夫需要妻子给他一定的空间去享受他的时光，偶尔在周末出去打打高尔夫，或者跟几个朋友在酒吧里聊天喝酒。不管他将这些时间作什么安排，只要他没有将嗜好变成恶习，妻子应尽量满足他。在他出门的时候，开心地告诉他："去吧，玩得开心点！"那么这个妻子就是最聪明的妻子。

夫妻自我空间包括保持各自的朋友圈子、各自的兴趣爱好。一些女人在恋爱和结婚后，与爱人难舍难分，一切以爱人为中心，这是十分不明智的做法。远离了你以往的朋友和生活，就意味着失去了自己的世界。当婚后度过蜜月期，丈夫会首先回到自己的朋友圈去，而妻子如果还是把身心都维系在丈夫身上，自然会觉得丈夫对自己疏远了。与朋友的疏离和对丈夫的过分依恋，非但不能把丈夫的心拴住，还会引起他的厌倦。

给对方空间，并不是放纵，外面的世界确实精彩，但是如果有一个温馨充满自由气息的家，外面的精彩也只是一个个小小的驿站。

不要做唠叨的女人

　　女人善于说话是一种天性，但是没有人会喜欢一个唠叨的女人，即使她美丽，即使她聪慧。女人一旦染上唠叨的习惯，会让任何男人都退避三舍，那也许是一场灾难，对自己对别人都是。

　　　　　　　　　　　　——卡耐基写给女人的幸福箴言

　　如果一个男人每天工作回家后，面对的不是丰盛可口的晚餐和温柔体贴的妻子，而是喋喋不休的唠叨。那么无论他的事业取得了多么大的成功，最终他也会从事业的高峰滑落下来。因为，妻子的唠叨可以摧毁任何人的上进心和对美好生活的向往。

　　社会学专家曾对一千多对夫妇作过详细的调查，关于"在丈夫眼中，妻子最大的缺点是什么"。70%以上的丈夫都认为妻子最大的缺点莫过于唠叨和挑剔了。美国的一项民意测验和詹森性情分析的调查结果也表明，唠叨和挑剔是最伤害家庭感情的一种个性。

　　这个结果让每位妻子都吃了一惊。她们不能理解妻子对丈夫的爱和要求怎么会被看成最不可忍受的缺点！

　　一位太太的性格与一位男性的婚姻是否幸福，有着直接的关系。如果太太的脾气暴躁又挑剔，那么就算她拥有再渊博的学识和数不清的财富，也是徒劳的。因为她的唠叨和挑剔会永无休止地打击丈夫的斗志和希望。她总会抱怨丈夫不能理解她的心思，不懂得浪漫；抱怨丈夫不像别的男人一样有一份赚钱的工作；甚至抱怨丈夫的父母总是给他们找各种麻烦，而不能独自处理。如果有这样一位太太在身边，那么这个男人无论有什么好的念头，也会被迅速浇灭。

最可笑的是，妻子竟以为他们的唠叨可以改变丈夫，会促使他们向好的方向转变。我可以很负责地告诉广大的女性，这种做法是没有任何作用的。丈夫不但不会向着你所希望的方向发展，甚至还会产生叛逆的心理，最终跟你的期望背道而驰。这是自古以来不变的真理。

我的老朋友约翰逊做着一份普通的销售工作，本来工作就已经很辛苦了，不幸的是，他还有一位唠叨挑剔的妻子。从结婚开始，他妻子的嘲笑和唠叨就没有停止过。当他准备上班时，他的妻子便会在一旁说："真不知道你每天工作有什么意义，也不能给家里带来钱财，如果是这样，还不如在家帮我处理家务呢。"可怜的约翰逊，本来在起床的时候有一个不错的心情，但是现在满满的热情被这一席话给浇灭了。下班回家后，疲惫的约翰逊也看不到妻子的笑脸，她总是在厨房边做饭边唠叨："是不是今天又被客户教训了？这个月你如果没有好的业绩，咱们的房租都要交不起啦，你是不是想让我和孩子住大街上啊！"约翰逊听到这样的话十分不悦，但是也没有理由去反驳。

我十分不理解，如果他的妻子这么看不起他，为什么要结婚呢？在妻子不断地唠叨中，不满的情绪日复一日地积累。终于，约翰逊忍无可忍提出了离婚。后来，他幸运地找到了一个真心支持他，而且富有爱心的姑娘，有了强有力的后盾，约翰逊的工作逐渐有了起色，两年后还担任了公司的执行副总裁。

但是至此，他的第一位妻子也不明白自己为什么丢了婚姻，在她看来，自己跟着约翰逊一直受苦受累，也没有说过要离开他。约翰逊跟自己离婚，一定是被那个年轻的女孩迷惑，自己才落得如此可怜的下场。我想，如果有个好心人告诉她，她婚姻的失败是因为自己的挑剔和唠叨造成的，她是一定不会相信的。

无休止的唠叨和轻蔑的态度，是最能够打击男人的自尊心的。时间长了，这些轻蔑的话语将完全摧毁他们的希望和自信心，认为自己本就该如此失败。

二十多岁的史密斯也遭遇了同样的状况。他和朋友满怀壮志雄心地开了一间小公司，公司起步非常的艰难，总是有各种问题困扰着他。这时候，他最需要的是妻子的支持和认可来激励他奋斗下去。而他的妻子却是个没有耐心而且总爱指手画脚的人。在看到丈夫工作时，总是指责他的各种不足，对于公司业务开展不顺利这件事，妻子完全把责任归咎于丈夫的无能。痛苦的史密斯对朋友说，妻子的嘲笑和指责，让他没有了坚持下去的动力。最终，他退出了公司。创业的失败更让妻子看不起他，两人以离婚告别了彼此。

"我这辈子一定是犯了什么罪过，才会嫁给你，过这样的苦日子。""你看南希的老公又带着全家去夏威夷旅行了，而我只能在家里看看花园的花草，这样的生活真没意思。""你在公司好几年了，怎么也没有晋升呢，跟你一起进公司的比尔已经是你的主管了，难道你就不知道好好争取一下吗？"抱怨、攀比、轻视、嘲笑，很多女性对这些运用自如，并用他们来攻击自己的丈夫，而自己却不知。

唠叨是一种习惯。当这个习惯形成后，就会像对毒品上瘾一样，再也不能摆脱它。人们常说如果你一直保持微笑，那么在你四十岁的时候，一定是一副和蔼可亲的面容。同样，如果你一直不停地唠叨抱怨，那么在四十岁的时候，即使你过得很富有，你也不会觉得满足。因为任何事情在你眼里都是缺憾。

唠叨有可能也预示着你的心理并不那么健康。有心理学家分析："精神上受到压抑时，就会使人唠叨。"当我们在对生活不满、对爱人不满，或者是工作中遭遇困难后，就容易造成精神上的压抑，这些情绪积压在心里，唠叨就会成为一种发泄方式。所以，在这种情况出现时，我们要及时找情绪不稳的原因，从根本上解决它，而不是选择唠叨——这种无用且伤人的方式。

唠叨到底有多么可怕，男人又有多么惧怕唠叨呢？看看这里例子也许你就能见识到了。在佐治亚州有这样一条特殊的法律条文：当妻子唠叨不停的时候，男人有权利把自己锁在房间不出来。难以想象，唠叨是有多可怕，连法律都要为它量刑。

因为唠叨，世界上很多国家还发生过人命案。在德克萨斯州有一个平时很老实的水管修理工，竟然雇人把他的妻子杀害了。而据他的证词表明，他实在受不了妻子每天的唠叨和抱怨，而自己又无法摆脱，只好雇人将她杀掉。

现在，你认识到唠叨对一个男人的影响有多大了吗？如果你也很爱唠叨，那么，你要做的就是真诚地改正这个毛病才行。你知道补救的方法吗？

看一下下面的建议吧：

1. 制定一个惩罚规则。

让大家做见证，当你控制不住要抱怨或者因为某件事无休止地唠叨时，让他们指正出来，每次罚款十美元。

2. 适可而止闭上嘴巴。

如果你让丈夫去把垃圾倒掉，而他正被电视里的棒球比赛吸引时，不要再去重复你的要求，因为也许你再说上3次，他还是无动于衷。即便是行动了，也是带着满肚子的怨气。何必费口舌，又不讨好呢？

3. 换一种方式表达你的要求。

当你用尖酸的语气指挥你的丈夫时，这个谈话的基调就是不愉快的，你又怎么能要求丈夫愉快地听话呢？试着用温和的方式表达吧。比如"亲爱的，看来我还是不如你强壮呢，这个箱子我连抬都抬不动，你可以帮我吗？""我最喜欢看你帮我做蛋糕时候的样子了，又可爱又迷人，让我觉得自己是最幸福的女人。"当你说出这些话的时候，我想男人会心甘情愿为你做任何事情。

4. 生气时先在心里数到十。

当发生了确实让人不愉快的事情时，尽量不要马上发表意见。试着在心里数到十，然后想想这件事真的有必要发火吗？一般隔上十秒，这件事就不会让你感到火大了。如果还是不能接受，那么平心静气地与丈夫谈论这件事情。

不要试图改变对方

> 懂得真爱的人，不会想要再去改变任何人，如实如是地爱自己的人，同样会接纳伴侣如实如是的样子、爱他如实如是的样子。
>
> ——卡耐基写给女人的幸福箴言

幸福的婚姻，需要彼此接纳、互相扶持。可是，很多夫妻却不是如此，他们会互相挑剔、互相改变。他们没有努力让自己成长，把自己变得更加完美，而是想要改变对方，把自己的标准、价值观强加在对方身上，试图把伴侣打造成自己所期待的样子。在蜜月期结束后，夫妻双方就开始了为了鸡毛蒜皮的小事争来吵去，总是因为相同的问题产生相似的冲突。女人认为丈夫应该这样，而男人则认为妻子应该那样，双方都在努力改变对方，试图把对方打造成"MR.RIGHT"或"MRS.RIGHT"，挑剔和抱怨使得婚姻变成了爱情的坟墓。

仔细聆听一下人们的抱怨，他们都是在挑剔伴侣的毛病，一直以来都在试图改变对方。一段好的婚姻是通过成就对方来成就自己，而不好的婚姻才会通过改变对方来满足自己。事实上，在婚姻生活中一方试图去改变另一方的举动往往会走向不幸。

让我们看看迪克兰的例子吧。迪克兰是一位风度翩翩的绅士，而他的夫人却并不美丽，也不高贵，甚至有时连一些常识都搞不清楚，谈吐经常让人啼笑皆非。对于她的审美实在也不敢恭维，穿着总是让人感觉非常古怪，家里的装饰摆设也让人觉得跟整个屋子的格调不搭。然而，这位在别人看来有些愚蠢的女性，在婚姻生活中却是一位智者，因为他懂得让丈夫保持本色，而不试图去改变他。

当迪克兰处理完公事回家后，她从不会埋怨丈夫没时间照顾家庭、陪伴自己，而是安静地守着他，讲一些家中的琐事让他放松。温馨的家庭环境让迪克兰很乐意在家里待着，因为这里不需要斗智斗勇，有的只是愉快轻松的时光。妻子的用心让迪克兰很是感激，所以，当妻子因为一些问题引起别人发笑时，迪克兰从来不会为此感到丢脸、也不会去责怪她。在别人故意让妻子难堪的时候他还会挺身而出为妻子解围。两个迥异的人，在外人看来是多么的不合拍，但是30个年头过去了，他们还是一直尊重、赞美着对方。他们是懂得生活的智者，懂得如何欣赏对方的优点，而不是按照自己的意愿去强行改变对方。如果迪克兰一心要把妻子打造成完美的贵妇，用各种规矩束缚住她，那么他将失去一个善解人意、温婉可人的妻子。又或者妻子用庸俗的事情缠住迪克兰，让他跟随自己品味去生活，那么两人怎会缔结美满的婚姻呢？

每个人都有自己的生活环境，拥有不同的个性和经历，两个不同的人结合到一起，存在差异是必然的。所以，与其强行改变对方，不如试着欣赏对方，在彼此的欣赏中，爱意就会慢慢加深了。

我在哥伦比亚大学开办讲座的时候，一位女士找到了我，想与我聊一会天，我们来到了学校的操场，她把自己的故事告诉了我："在我的婚姻中我犯了一个很大的错误。那就是我总希望将我的先生改变成我喜欢的那个人的样子。我的个性比较开朗，但是丈夫的性格有点闷，很多事情都不说出来。而我，为了改变他，在看到他有心事时，总是逼他把事情讲出来。最后搞得我们都筋疲力尽。事实证明我非常失败，我们有着不同的成长环境和生活经历，所以我想改变他是不可能的。后来，我的母亲告诉我，她和父亲过了一辈子，也试图改变过他，但是到最后发现，这种改变是徒劳的，只能带来更多的争执和烦恼。母亲建议我在婚姻生活里要学会顺从和包容，婚姻中更多需要减法而不是加法。母亲的话给我带来很大帮助。从那以后，我开始试着理解丈夫，每个人处理事情的方式是不一样的。比如我跟邻居发生了一点小矛盾，我会在丈夫回来后，第一时间告诉他，因为倾诉和表达是我发泄情绪的方式。但是丈夫与我不同，他更倾向于自己消化这件事，以此来平静自己的内心。于是我明白了，如果丈夫也想要改变我，当我遇到烦心事时，不让我表达出来，我将会多么难受啊！一样的道理，我又何必让丈夫不自在呢。这样想开了以后，慢慢的我发现，和丈夫的争执少了，家里的气氛也变得轻松自在。"

为什么我们爱上了一个人，而又想要改变他呢？爱一个人，不意味着同意他所有的做法。爱，意味着接纳，即使不同意他的言行，仍然可以接纳这个人。其实每一种性格都各有优缺点，你要学会欣赏。记得我有个亚洲的朋友告诉我，要学会认识你的另一半，而不是去抱怨。想想说得多好，如果你现在还总在抱怨你的丈夫，我建议你从今天开始去学着欣赏他、尊重他。尊重对方的生活习惯，不要试图改变对方，也没有必要为对方改变自己。

我的一个朋友前不久与丈夫分居了，原因很简单，在她收拾房间的时候，在柜子里发现了一副破旧的棒球手套，她觉得这双手套根本没有留存的价值，便扔到了垃圾里。在丈夫回家后，还笑话丈夫留着这么一双破旧的手套。没想到丈夫听了这个消息，表现得很愤怒，因为那副手套是他的祖父为了祝贺他得到"最佳投手"的称号，而送给他的礼物。一场家庭内战爆发，并且闹到了分居的地步。而朋友一直不明白，夫妻生活在一起，所有的都应该是彼此的，为什么一副手套都不能代为解决呢？得知这件事后，我不得不感叹，即使是夫妻这样最亲密的关系，双方的互相尊重也是如此重要。

现实生活中，很多人都认为我们既然结了婚，那么他的一切也都属于自己，从他们的经历到感情，从精神到物质。无论什么事，什么东西，都可以擅自处理，完全不给对方个人空间。而一旦对方表现出不满，便认为不可思议，即视为背叛，抱怨、失望也随之而来，婚姻的裂缝也开始出现。

在自己选择婚姻的时候，相信谁也没有给自己开玩笑，也没有因为赌气而随便找一个人结婚。婚姻是需要彼此用心经营的，需要理解和信任还有宽容，不要想着婚后去改造对方或者奢望对方会为你改变成另一种人，既然自己已经做出选择就要接受现实，需要面对和用心打理自己的生活，而不是怨天尤人。

首先，保持宽容的心态，适时地表示臣服。你必须尊重他身上特有的属性，他的思想、他的性格。但是，这种宽容不是一味地迁就，而是一种经营婚姻的智慧，给他一个安静的世界，也会给自己一个轻松的心情。

第二，要善解人意，试着从对方的角度看待问题。一味抱怨只会使矛盾激化，让彼此受伤害。不妨换位思考一下，也许从另一个角度，你就能理解对方的苦衷。

最后，遇到必须要说明的事情，记得保持幽默。很多时候一件事情并不是不能解决，只是在一开始，你采取了剑拔弩张的态度，让整个沟通的基调变得不那么融洽。要学会幽默，尽量把抱怨责备的言辞变成对方容易接受的幽默的语言来表达，化解夫妻间的冷暴力。

学会如何处理好家务

也许时代的发展，生活节奏的加快，一些温柔细腻的情感都被我们忽略了，但有一点不要忘了，是谁把日子梳理得井井有条，是女人。

——卡耐基写给女人的幸福箴言

越来越多的人认为，现代女性能够完美地处理家务已经没有什么可值得赞颂的，因为这并不是了不起的事情。鉴于这样的说法，很多女性默认了，底气不足地认为自己只不过是个家庭主妇。

对于这种情形，我总是感到十分生气和痛心。这个世界上的工作有什么会比照顾家庭、养育小孩更重要、更值得让人尊敬的呢？作为一名出色的家庭主妇，你知道她都需要什么样的技能吗？日常洗衣做饭、缝补护理自不必说，同时她还要兼做家庭的司机、会计、采购员，甚至还要承担心理咨询师的职责。这些还不够，在看顾好这个家庭后，你还要保持自己的魅力，因为没有哪个丈夫愿意面对一个每天只会做家务，而没有生活情趣的女人。所以，我认为，一个家庭主妇所拥有的才华和能力比那些职业女性和时髦的明星一点也不差。

家庭主妇的贡献不只是在家庭的琐事上，一个出色的家庭主妇对丈夫的事业也是有巨大贡献的。《生活》杂志曾经做过一期《女性的尴尬处境》的特刊，特刊计算出这样的结果，假如一个男性雇人来做家庭妇女所做的工作，那么他每年将多支出大约一万美元。而且，许多妻子都成功地帮助自己的丈夫取得了事业上的成功。这些妻子都认为，家庭主妇是十分崇高而且具有重大意义的工作。

艾森豪威尔总统的妻子就是这样一个例子，在她看来，家庭主妇不像大家看到的那样可有可无，好像每天只是做几顿饭，洗洗衣服，永远围绕着琐事打转。每当别人问你今天做了些什么的时候，你只能回答我把家里的厨房擦洗了一遍。这个时候，你总会觉得自己没有存在感，即使把厨房擦洗得多么干净，也不算是一件有意义的事。如果你在这个想法面前投降了，出去找一份工作。那么你将会后悔这个决定。因为在几十年后，你会发现除了这个所谓的职业，你什么东西也没有得到。如果你坚持做一名家庭主妇，那么你会收获满满的爱和家庭的温暖，这是任何其他事物都无法给予你的。

艾森豪威尔夫人说："成为一名出色的家庭主妇是我这辈子最成功的事情，我为此感到骄傲，如果让我重新选择，我还是会这样做。我会每天为丈夫准备好丰盛的早餐，开心地送他去上班；把家务打理得整整齐齐，让他回来有一个舒适的环境；为他选择合适的领带，让他在工作中看起来干练精神。虽然家庭主妇的工作非常烦琐，但是它是这个家庭的基础，我出色完成了这项工作，并从中得到了美满和幸福，这就是它的价值所在。"

当今最著名的女性美学与仪态专家玛格丽·威尔森也是一位最出色的模范代表。她工作的成功有目共睹，但是你要认为她是一位只专注工作而对家务事一窍不通的女人那就错了。

最近，我到玛格丽的家里参加一个小范围的聚会。晚宴上的宾客有十几位。对于一个宴会来说这并不是一个有多大规模的宴会。但是玛格丽并没有额外请厨师或者帮佣，而是独自承担起这个宴会。宴会上大家坐到一起谈笑风生，气氛非常融洽。最重要的是，玛格丽看起来非常轻松自在，完全没有因为承担这个宴会而显出忙乱。后来我问玛格丽，她是如何独自安排好这样一个精美的餐宴。她告诉我："很简单，只要计划好流程，把食物用最简捷的方法做出来就可以了。在你们到达之前，我就已经开始准备了。我提前把水果沙拉和甜点做好冷冻起来。当你们快到的时候，我把鸡肉炸好，等你们到达家里，我就把炸鸡放到烤箱里保温。而青豆蘑菇，我用的煮好的青豆和蘑菇放到一起煮，这样就不用因为青豆难熟而等很长时间了。你看，这一切不都很简单吗？"

然而，很多女人仍然认为，宴请宾客是件非常隆重的事情，需要至少好几个小时的烹饪，还要提供精心的服务。等宾客到来的时候，我们总是看到女主人在跑前跑后地忙碌，甚至在吃饭的过程中，女主人也不能好好坐下来和我们谈话。其实，大家只是想有一个机会坐在一起愉快地交谈，如果女主人的心思总是留在厨房里，那么即使这顿晚宴做得非常美味可口，我们的心里也是过意不去的。她们没能领略到玛格丽的"简捷方法"的妙处。

其实，美国的家庭主妇发明了许多奇妙的简捷方法，冷冻好的水饺，包装好的沙拉，我们可以好好利用这些东西，使我们腾出更多的时间花在自己喜欢做的事情上，比如，用这段时间和丈夫好好谈心，陪孩子做一次手工作业。我相信，任何一位丈夫在工作回家后，都更期待看到一位气色俱佳、神采奕奕的妻子。

下面有几个建议，会对你处理家务有很大帮助！

1. 计划性。

家务劳动十分琐碎繁杂，如果毫无计划，可能忙碌了一整天，把自己搞得疲惫不堪，还是没有看到成效。因此，可以将家务活分类安排。

我们可以把一周或一天的家务罗列下来，为家务分个等级。一类是必须马上做完的。二类是比较着急但是可以缓一缓的。三类是可以在自己时间比较空余的时候处理的。常规的家务还可以列一个清单，比如整体清扫一个月安排一次，洗衣擦地每周两次。家庭采购一周一次或者三天一次。条理清晰了，就可以有条不紊地做下去。

2. 简单化。

不是每件家务都是必做不可，也不是每件家务都要做到细致入微，只要把一切从简贯彻下来，那么你可以节省很多精力。首先，把简单化体现在生活的项目中，比如：吃一顿简单而有营养的早餐；减少请客的次数，或者把宴请的地点选在一家温馨的餐厅，也可以营造出融洽的气氛。其次，家庭的陈设尽量简单大方，有的家庭把家里的装修弄得非常华丽和精致，这无疑也增加了打扫房间的工作量。重要的一点是不能对家务劳动的要求太高，标准太苛刻，不必把每件家务事都做得十全十美，凡事适可而止，家务劳动的数量、强度和时间都可大大降低。

3. 分工合作。

家庭成员共同做家务活，不仅可以进行合理的分工，扬长避短，获得家务劳动的最佳效果，团结协作完成一件工作还可以增加成员之间的感情。我们可以按身体条件、特长及上下班时间等进行分工，各自承担比较适合自己的家务，这样干起来也会得心应手，省时省力。可以累积的家务工作集中完成，如家庭大扫除，可商定一个日子，全家人一起迅速完成。

4. 充分使用家电。

拥有方便的家用电器，那就让它物尽其用，这能够有效降低家务劳动的强度和节省时间。因此，每周购买一次蔬菜储藏在冰箱里，这样既能保鲜、保质，又大大节省了时间；如夫妻在家时间不一致，还可以将自己的家务计划用收录机录下来，当另一方下班回家打开收音机，就可以听到爱人的声音，知道哪些已做，哪些待做，如同爱人仍在家里陪伴自己忙家务，自有其乐。最大限度地实现家庭电气化，以最小的精力、最短的时间完成最繁重、复杂的家务劳动。

4. 利用社会服务。

将一些技术性强和没时间做的家务活转移到社会中，可以帮助你从家务劳动的烦恼中解脱出来，从而拥有更多的时间去做自己喜欢的事情。钟点工并不贵，地板就留给专业的钟点工去擦吧。她们擦过的地板会发亮，比起自己每天都擦到发暗的好多了，每个星期请两次钟点工，你可以在一边嘱咐哪些东西一定要搞得很干净。

任何一位女性，如果她想要努力，她一定可以简洁快速地处理好基本的家务工作。这样，你就可以在你喜欢的工作上花费较更多的心思。有些女人能够从缝纫、烹调菜肴得到快乐，有的女人把花园修剪得干净整洁便能得到很大的满足。不管你的特殊爱好是什么，享受它，不要放弃做好一件事情的满足感。只要你细心地检查一番，你可以找回许多原本可以不被浪费的时间，用它来进行你的计划吧！

与丈夫制订共同的目标并为之奋斗

> 一个成功的男人，后面一定有个为他做出奉献和牺牲的女人；一个男人的每次杰作，必定有一个女人的汗水流淌在里面。
>
> ——卡耐基写给女人的幸福箴言

我曾经用好几天的时间跟提供就业服务的安·海德女士讨论关于失业的问题。她是一位资深的职业策划师，在纽约市的新温斯顿饭店创办了专门的咨询处，专门为那些对自己工作不满或者工作不能取得成就的人提供指导服务。她告诉我，这些前来咨询的人里，有绝大部分人根本不知道自己到底想要什么。所以，她认为最重要的是为这些人明确今后的发展方向，有目的地前进才会获得成功。同样的道理，作为一名妻子，也要像安·海德女士一样扮演好职业咨询顾问这个角色，你应该帮助丈夫找出他生命中最渴望得到的东西，然后与丈夫共同去实现这些梦想，这是妻子能够做到的。

狄海伯特·郝基斯曾说过："迷茫是烦恼的根源，也是成功的最大的敌人。"作为丈夫的咨询顾问，在帮助丈夫成功之前，你首先要帮他找到人生中最大的理想，并向着这个目标共同努力。什么才是人生的理想呢？是受人敬仰，能够掌控别人的权利？还是数不尽的金钱以及奢华的生活？又或者你们只想拥有一个轻松的工作，过自由的生活？每个人对于理想的定义和对成功的理解都不相同。所以，先把这件事情搞清楚，确定应该去实现什么样的目标，然后共同行动。

确定这个目标有一个很重要的原则那就是，要尊重丈夫的想法。可是，有许多事例证明，当夫妻二人准备创业时，他们悲哀地发现对方和自己的意见完全不同。有的妻子甚至完全摒弃丈夫的想法，一意孤行地进行自己的计划。这是十分不可取的做法。"相爱的意义在于朝同一个方向注视，而非双目凝视。"虽然这句话不是名人说的，但它确实是金玉良言，尤其对于有抱负的夫妇来说，这句话就更为中肯。

莱斯·布朗夫妇的成功就证明了这个道理。两人在结婚后不久，便开始商量在哪个行业开始第一步更加可行，在分析利弊后，两人决定就做房地产中介的生意，为客户买房和租房，从中抽取佣金。起初，莱斯负责外联，到处找客户谈合作，而妻子负责带客户看房，谈拢生意。但业务的发展并不如他们的心意，经常一星期也租不出去一套房子。两个人的日子过得十分窘迫，但是让人欣慰的是，布朗夫妇从不感到灰心，他们互相鼓励，坚信通过努力一定能够获得成功。

渐渐地，他们的事业有了转机，积蓄也开始多起来。但是莱斯不满足于现在的成绩，他跟妻子商量想要拓展新的业务，这个提议得到了妻子的大力支持。两人又开始谋划新的蓝图，就这样属于两个人的连锁超市开启了他们事业的新起点。

如今三十多岁的莱斯已经有了雄厚的经济基础。他还有一个幸福的家庭以及两个可爱的儿女。当我问到莱斯，他成功的秘诀是什么，他告诉我："妻子对我的支持是我坚持下来的最大动力，我们为自己制定了共同的目标和规划，在追求成功的路上，不管遇到什么样的困难，我们都相互扶持，鼓励对方不要半途而废。"

是啊，只有选定了目标并付诸行动，在前进的路上从不放弃才有可能到达成功的彼岸。就像射击一样，想要更好地射中目标，你要事先瞄准好靶心，也许会有一点偏差，但是总比盲目地射击要好得多。

共同的理想和目标是一个美满的家庭不可缺少的因素。而最重要的是，夫妻双方要对未来充满信心，然后尽力去实现梦想。在实现理想的过程中，夫妻还能体会到胜利的喜悦、失败的落寞以及各种可能出现的状况，这些都只会增加夫妻间的感情，让双方更加珍惜彼此。

约瑟夫是一个快餐店的外送员，在这里他已经工作了将近十年。可是由于餐厅经营不善，约瑟夫面临着失业的危险。这些年来，他没有受过其他训练，如果失去这份工作，那么他在很长时间内都无法找到别的工作。正当约瑟夫为此惴惴不安时，他的太太凯特提出了一个大胆的建议，既然你熟悉餐厅的业务，不如把这家餐厅买下来，自己经营。

约瑟夫对于这个建议很赞同但是也犹疑不决，因为他们没有这么多积蓄，购买这家餐厅意味着负债累累。后来，在妻子的鼓励下，约瑟夫还是买下了这家餐厅。凯特知道，他们已经投入所有的积蓄，在餐厅开始正常盈利前，他们没有能力去雇佣别人，所以，凯特便全身心地投入进来，努力适应这个新职业。

最艰难的时期，凯特不仅需要照顾家务和孩子，还要在餐厅工作很长时间，帮助丈夫招待顾客、打扫卫生、洗刷餐具。这些繁重的劳动足以让一个人身心疲惫。但是凯特说："丈夫正处于一个艰难的时期，他的艰难也是我们整个家庭的艰难，如果我不能在这时候和丈夫共同承担，那么我不配做他的妻子。我现在很高兴能够支持丈夫打开一片新的天地，再辛苦我也能坚持下去。现在，我们的餐厅已经开始盈利，而且有足够的能力扩大营业范围，我们能够以自己的努力开展事业，这让我感到很骄傲。"

然而，有许多家庭在碰到了像约瑟夫失业的这种难题以后，由于妻子不愿意帮助丈夫渡过难关，以致家庭的整个经济开始走下坡，甚至破裂。许多女人都认为，丈夫应该肩负起养家的责任，而不论他的处境是好是坏。然而她们忘了，夫妻是一个共同体，在这个家庭遇到困难时，当妻子的也需要付出额外的努力。要记住，你是丈夫必不可少的合作伙伴。

海伦的丈夫梅尔是一家家用电器公司的推销员，海伦虽然不能帮助他推销电器，但是她还是竭尽所能去帮助丈夫。她告诉我："我的丈夫十分热爱他的工作，而且他经常拿到销售冠军的称号呢。丈夫对工作的热情也感染着我，所以一直以来，我都用我的一些小方法给丈夫带来帮助。"

海伦为了能让丈夫有更多的精力去处理工作上的事情，很多细小而必要的事务都是她来帮助处理的，就像梅尔的秘书一样。例如梅尔每天有很多客户的信件需要回复，但是精力有限的他没办法浏览所有的信件，于是海伦就充当了收信员，她先把信件浏览一遍，能够代为回复的就由自己代笔，一些重要的信件就转交给梅尔，这就省去了梅尔很多的时间和精力。梅尔的工作要求他开着车在这个城市来回奔波寻找客户，海伦就考了驾照，在空余的时间带着梅尔去拜访客户，如今海伦对纽约各个街道和建筑的熟悉程度不亚于一个出租车司机。

海伦说："我能够在工作中跟梅尔并肩作战是一件美妙的事情，有时候梅尔在拜访客户失败后，情绪会有些失落，而我在旁边陪着他，会让他感觉好很多。"海伦的努力让梅尔十分感激，在一次销售报告会的演讲结束时，梅尔说："我的成功要特别感谢一个人，那就是我的妻子海伦，如果没有海伦，我可能都不会撑到现在，更不会获得这么多的成绩。"梅尔讲述了海伦这么多年来的支持和付出，以及海伦帮助他的一些小方法，听众听完后都对这个女人报以热烈而持久的掌声。

是的，一个懂得支持丈夫，并与之共同奋斗的妻子，是值得尊敬的女人。一个成功的女人就是帮助丈夫找到生命中最渴望的东西，为他添加奔向目标的动力，然后与他齐心协力去实现这个理想，推动他到达事业的顶峰。在这个过程中，收获幸福的不仅是你的丈夫，还有你自己。

第八章
心态改变人生：怎样才能快乐起来

女人的快乐与年龄、性别和家庭背景无关，而是来自于轻松的心情和健康的生活态度。所以说，消除错误思想和行为，在心灵中注入快乐，比割除身上的肿瘤和脓疮还重要。

改变生活的六字箴言

> 虽然我们下定决心，也不可能马上改变自己的情绪。可是，我们可以改变自己的行为。当我们改变行为的时候，我们自然而然也就调节了自己的情绪。
>
> ——卡耐基写给女人的幸福箴言

居住在印第安纳州的恩格勒特十年前患了猩红热，康复后又患上了肾病。在看了许多医生后，最终只得放弃治疗。不久，他就出现了并发症，血压上升。医生告诉他，他的血压已经达到了顶点214百帕，情况非常危险，让他最好准备后事。

恩格勒特说："我回到家开始咨询各种保险的赔付情况。然后，我向上帝忏悔我自己这一生中所犯的过错。我非常沮丧，我的行为令家里每一个人都很不开心，悲伤不已。这样自怨自艾地生活过了一周后，我对自己说：'你的行为就像一个傻瓜。你也许会活过一年，为什么不快乐起来呢？'"

"于是，我开始面带微笑，仿佛什么事情都没有发生过，我强迫自己开心高兴。你知道，这种尝试是相当困难的。但是结果呢，我的行为不仅让家人开心起来，对且对我的病情也大有裨益。"

"开始我假装开心，结果我的身体竟然真的开始感到舒服了。我的健康状况一直好转，血压也有所下降，本该躺进棺材的我，竟渐渐好了起来。我非常确定，如果我一直想着死亡，那么医生的预言就一定会变成现实。是我的精神状态给了我身体痊愈的机会。"

精神的力量真的有这么大？不错。我们的思想决定了我们的为人，而我们的心理状态则是决定我们命运的重要因素。我们需要处理的最大问题，就是选择正确的思想。如果我们能做到，那么就可以解决所有的难题。伟大的哲学家马可·奥勒留的思想曾经在罗马盛行，总结起来就六个字：思想造就生活。

"思想造就生活"，这六个字真的可以决定命运。如果一个人的内心充满快乐，我们就一定会很快乐；如果整天痛苦，我们就会悲伤；如果我们脑海中满是坏念头，我们整天就会忐忑不安；如果我们总是害怕失败，那我们肯定必败无疑；如果我们老是担心我们身体有疾病，那么身体就会真的出现某种疾病。这正像诺曼·文森特·皮尔所说："你不是自己的想象，而是你的所思所想。"

当然，我并不提倡大家盲目乐观地看待问题。事实上，生活并不是如此简单，我只是想告诉大家，要采取一种乐观的生活态度，弄清问题的本质，并找到有效的解决方法，而不是把所有的注意力，放在令人忧虑的问题上来。说到底，就是一个人的思想和精神状态的问题。

或许你不知道一个人的思想和精神状态有多大的魔力，让我们来看看下面这个案例吧！

内战结束十个月后的一个晚上，马萨诸塞州的埃姆斯伯里，退休船长夫人韦伯斯特妈妈听见敲门声并打开了门。门外站着一个虚弱、瘦得皮包骨头的年轻女人。她无家可归，穷困潦倒，她解释说她是格洛弗夫人，正在寻找一个能够为她提供帮助的地方。

韦伯斯特夫人说："住在这里吧，我一个人住在这座大房子里。"

于是，格洛弗夫人留了下来。可是，韦伯斯特夫人的女婿比尔·埃利斯来纽约度假，发现了格洛弗夫人住在他岳母家里，他大声喊道："我才不愿意和流浪者同居一个屋檐之下呢！"他把这位无家可归的女人赶出了家门。当时，正下着大雨，她站在大雨中颤抖着身体，无可奈何地沿路行走，寻找着避雨的地方。

事情远没有结束。那位被比尔·埃利斯赶出家门的女人，命中注定会对其他妇女的思想产生影响。她就是拥有成千上万忠实追随者的玛丽·贝克·艾迪——基督教科学会的创立者。

这是一个生活非常不幸的女人，疾病、悲伤一直缠绕着她。她的第一任丈夫在婚后不久便告别了人世；她的第二任丈夫与一位有夫之妇私奔，抛弃了她，不久死在了贫民收容所里。她有一个儿子，可是由于贫困和疾病，在四岁的时候，她不得不把她的儿子送给他人，此后三十年从未谋面。

由于身体常年遭受疾病的折磨，玛丽·贝克·艾迪多年来一直把所有的心思都放在"心理治疗科学"上。但是，她戏剧性的人生转折，恰好是在马萨诸塞州被赶出屋子之后。有一天，她在商业街人行道上行走，由于路面结冰，她一不小心跌倒在地，导致脊椎严重受伤。医生断定，她活在人世的时间已经不多了，即使命运眷顾她，让她存活下来，她也只能在床上度过余生。

万念俱灰的玛丽·贝克·艾迪翻开了《圣经》，她读到了马太的话："有一位瘫痪的病人被抬到了耶稣面前。耶稣对躺在担架上的人说：'孩子，高兴地站起来吧。你的罪已经得到了上帝的宽恕，站起来回家吧。'这个人竟然真的起身，走回家去了。"玛丽·贝克·艾迪说，耶稣的话给了她力量和信念，她感到体内有一股巨大的力量在涌动。她相信自己也能站起来的，没想到，最后她真的站起来了，并且成了基督教科学会的创始人和职位最高的女神职人员，基督教科学会也是唯一由一位妇人创建的宗教信仰机构。

我并不是在宣传基督理论，事实上，这是思想与精神动力产生的结果。正像玛丽·贝克·艾迪所说："就像牛顿被苹果击中，从而发现了万有引力一样，我发现了自己是如何康复的，以及如何让他人康复。我可以非常肯定地说，一切皆源于思想，影响力归根结底其实就是心理现象。"

斯多葛学派哲学家埃皮克提图提醒我们，相比切除身体上的肿瘤和脓疮，我们应更多地清除错误的思想。早在三百多年前，失明的弥尔顿就发现了同样的真理：思想的运用及其本身既能把地狱变成天堂，也可以把天堂变成地狱。

拿破仑和海伦·凯勒的人生故事对弥尔顿的观点做了完美的阐释。拿破仑拥有一切世人追求的荣耀、权利、财富，但他却说："我一生中没有一天快乐过。"海伦·凯勒又聋又哑又盲，她却说："我发现，生命是如此美好。"思想的力量是巨大的，人们可以消除忧虑、恐惧以及各种疾病，改变思想也就可以改变他们的生活。

威廉·詹姆斯说："如果你想变不快乐为快乐，最好的途径就是打起精神，让自己的行为和言语表现出快乐。"只有统治自己思想和精神的人，才会驾驭自己的生活，并快乐地生活。所以，请永远记住：思想造就生活！

释放压力，恬淡心灵

有句话说，当沉重的枷锁束缚了自由的羽翼，它便失去了翱翔蓝天的本能。那么是否可以说，女人的心灵有所羁绊，便会有无法释怀的窘境，让自己身陷痛苦，不能自拔？

现在的社会，每个人都会或多或少地遇到各种压力：家庭危机、工作环境、社会背景、人际关系等，当压力超出了负荷，心灵就会不自由，会出现一种失落感。你就会终日郁郁寡欢、心烦意乱。女士们，当你们有这样的情况出现的时候，就应该释放你的压力了，否则，你的心，一定不会平定下来。

我曾经有个学员叫格列佛，他是一家厚纸制造厂的董事长，拥有450个员工。可以说，他生活十分顺心，人际关系良好。可是就是这样的一个人，居然患有十分严重的神经衰弱症，病症的原因，就是不断膨胀的压力。格列佛告诉我："在我看来，所有的事情都会引起我的烦恼，哪怕只是一件很小很小的事情，比如我会经常问自己：我是不是太瘦了？我的头发是不是掉得越来越多了？女朋友会不会突然有一天就离我而去了？我能否存够足够多的钱结婚？结婚以后生了小孩，我能不能成为一个好爸爸？我们将来的生活会不会很幸福……诸如此类。"

"除了我自己的这些烦恼，别人对我的印象对我也有很大的影响。焦虑经常让我睡不着觉，有一段时间我竟然患了胃溃疡，我吓坏了，以为是胃癌，于是放下了手中的工作，安心在家养病。这可不得了，从此，我体内的每一个细胞都充满了紧张，压力在不断地增加，在膨胀。最后，压力如胀大的气球，超出了我身体的负荷，爆炸了——我患了严重的神经衰弱症。我真心希望朋友们不要患我这样的病，肉体的痛楚是远远比不上心灵被啃噬的痛苦的。我曾经历过这种痛苦。"

"健康的时候，怎么也不会想到这是何等的痛苦。我整天脑袋昏昏沉沉，甚至连我的家人也不愿搭理。我的内心充满了恐惧，哪怕只是一点小小的声音，都让人心惊肉跳，甚至有时候我会突然没有缘由地大哭大叫。每天，我都生活在苦恼之中，好像世界遗弃了我，我甚至好几次想要跳河自杀。

有一次，我突然想到，或许换个环境就可以改变心境。于是，我决定到佛罗里达半岛去。在我上火车前，父亲递给我一封信，要我抵达佛罗里达后再拆阅。我到达目的地时，却无处栖身，所有的旅店都没有空房，因为正值当地的旅游旺季。没办法，我只好租了一间车库暂时安身。我先去一家公司求职，可是没有录取我，我只好成天在海滩上闲逛，打发时间，这样的日子比在纽约生活更加悲惨。无聊之际，我突然想起了父亲给我的那封信。我打开信，信上写道：'孩子，虽然你现在已在千里之外的异乡，但我知道，你的心境并没有改变，因为走的时候没有放下烦恼。其实，你的身心并没有什么不妥之处，你所面临的一切也并不是严重之极。你知道吗，让你如此颓丧的原因，是你对这些事情的思考方法。你要知道，人，是心中思想的表现。当你领悟到这个道理的时候，相信你就会好起来回到家中。'"

格列佛说，当时他读完这封信后内心十分不满，认为父亲是在教训他。

他说:"当时,我有些赌气地想,再也不回去了。可是那一晚,当我出门散步的时候,无意中突然听到一句话:'能战胜内心的人,比攻陷一座城市的人更加坚强。'听到这句话,我一下子清醒过来。我突然觉得,脑海中那些浑浑噩噩堆积如山的东西一扫而光,变得非常清醒而理智。我认识到自己的愚蠢,想起以前的自己,真让人发笑。以前我经常想象自己要改变全世界,改变所有的人,其实,我什么都不能改变,唯一能改变的,就是自己的内心焦点。"

不错,人其实是自己心灵的囚徒。压力固然沉重,如果不懂得释放压力,不肯把自己的心灵从中解放出来,那么,谁也不能拯救你。只有当你的心灵真正无拘无束的时候,你的生活才会变得轻松。

有一则寓言故事,讲的是一只小虫子非常喜欢捡东西,在它所爬过的路上,只要是它能碰到的东西,它都会捡起来放在自己的背上。最后,小虫子被身上的重物压死了。人虽然不是小虫子,但却像极了小虫子,贪求太多,把重负一件一件披挂在自己身上,舍不得扔掉。假如能学会取舍,学会轻装上阵,学会善待自我,凡事不太较真,学会适当地倾诉和释放压力,发泄自我,心灵才会恬淡、平静、轻松。

有一段时期,日本掀起了"自然化妆品"的热潮,主要以使用更加原生态的材料生产化妆品为特色,承诺"绝不使用任何活性剂、防腐剂以及香料等成分"。这使那些追求时尚的年轻女生深陷其中。有一位女性在接受各种杂志的采访时曾语出惊人,说除了纯自然的化妆品以外,其他的都非常可怕,不能用。

可是约一年后,她又突然宣称自己是"敏感性肌肤",开始热衷于皮肤科医师开发研制的化妆品,说自然化妆品即使没有使用防腐剂,也令人害怕,不能使用。后来又过了两年,她又开始称赞起那些所谓的"无任何添加物"的化妆品,否定以前医师研发的化妆品,不久又迷上了其他品牌的化妆品……可是,即使她换了各种化妆品,她的肌肤依然没有改善,总是黯淡无光,满脸的疙瘩,但她依然没有停止尝试。她将原因归结为化妆品,可是,别人都知道,这绝不是化妆品的原因。

35岁那年,她结婚了,当了一名全职主妇,试着换用了主妇们推荐的一款化妆品。结果呢?让人意想不到的是,困扰了她十多年的肌肤一下子变得光滑美丽起来,人也显得年轻了好几岁。

原因其实很简单,并不是没有遇见好的化妆品,而是她身体内长期积累下来的精神压力。巨大的精神压力使她的身体感觉不适,神经系统失调,血液循环不畅,皮肤的免疫功能也出现紊乱,所以她才总是脸色黯淡,经常长出疙瘩。

结婚后,心情突然放松下来,积蓄在心里的压力也释放了出来,精神好了,皮肤也自然恢复了光泽。

可见,学会释放压力,不仅可以使心灵放松,还可以让自己更加漂亮、年轻。如果不及时缓解压力,一旦失去了心理平衡,它就会变成一条无形的绳子,勒得你喘不过气来。正所谓:要使人自由,先让心自由。人的一生,被一些东西所束缚是在所难免的,只有去打开枷锁,收起围栏,释放心灵,才能获得心灵的自由,才能让心态更年轻。

只有心灵得到释放,我们才能轻装上路,不带走一点生命的浮华和杂质,我们才可以看见自己明澈的心灵。当抛去了一切不该留在心里的东西之后,我们就可以感受到人生的轻松。

释放压力的方法很多,觉得有压力的女士不妨多做做如下的事情:

坚持锻炼身体。运动可以加快心率,促进血液循环,改善机体对氧的吸收和利用,从而让人精神振奋。

多听音乐。音乐可以改善人的心情,可以放松神经,引发良好的情绪反应,释放压力,有益身体健康。特别是当精神紧张,压力过大的时候,听几首舒缓的乐曲,可以让心灵得到放松。

多亲近大自然。大自然的花花草草,既可以转移人的视线,还可以调节人的情绪,减轻紧张与焦虑。

拿开捂住眼睛的双手

> 我们选择撒谎，因为我们相信真相可能开启我们害怕而希望逃避的反应。内疚随之而来，因为我们的内在认知立即明白我们主动逃避一次学习爱的机会，而且我们正在造成内在的另一个障碍。谎言的结果会驾驭我们的生命，而我们终究会发现吐露真相是明智的方法。
>
> ——卡耐基写给女人的幸福箴言

　　生活中，每一个人都会有选择性地接受一些事实，"趋利避害"是每个人的本性。但如果用手蒙住自己的眼睛，不愿看到真实的世界和真实的自我，无异于自己给自己画了个囚笼，禁锢着自己的身心，使自己失去了自由，也失去了欣赏自我的能力。

　　人的心就好像一个容器，如果无法面对现实，怎么会对未来产生美好的期望？就像一个盛满水的杯子，怎么能承受新注入的甘甜的果汁？只有降低身段，拿开遮挡自己眼睛的双手，抛弃世俗的虚伪名利、对面子的顾忌，以坦然的态度正视自我，才能真正享受人生的美好。

　　这让我想起了《伊索寓言》里那个狐狸和葡萄的故事。

在一个炎热的夏日，狐狸走过一个果园，他停在一大串熟透而多汁的葡萄前。饥饿的狐狸看见葡萄架上挂着一串串晶莹剔透的葡萄，口水直流。狐狸想："我正口渴呢。"于是他后退了几步，向前一冲，跳起来，却无法够到葡萄。狐狸后退又试。一次，两次，三次……狐狸试了一次又一次，都没有成功。最后，看了一会儿，无可奈何地走了，他边走边自己安慰自己说："葡萄还没有成熟，我敢肯定它是酸的。"

是葡萄真的没成熟吗？还是自己没有能力去摘得葡萄？狐狸说葡萄是酸的，不过是一种自欺欺人的做法而已。就好像我们自己捂上自己的眼睛，以为外面的世界就一片漆黑，以为这样就可以"我看不见你，你就看不见我了。"其实，这样只会更加显示出你的自卑与逃避现实，关闭自己的心灵，不与他人亲密接触，唯求自安。

其实，坦率一点，不计较过去与曾经，不计较他人的眼光，才会得到最大的勇气面对现实。

我的女儿乔伊三四岁时，刚学会走路，和大多数同龄的孩子一样，非常喜欢玩"捉迷藏"的游戏。

当时，我们家就她一个孩子，我们就是她唯一的玩伴，所以，她经常缠着我们玩游戏。乔伊最喜欢让我们用双手蒙住眼睛，她去躲藏。每次，我总是故意地数着"一、二、三、四……"同时，我会偷偷地从指缝中看她，她那胖嘟嘟的小腿慌慌张张地在家里的房间里到处乱窜，觉得藏到哪里都不安全。她一会儿想藏到窗帘后面，一会儿想躲到壁橱后面，如此再三，总是觉得不大放心地再三改变躲藏的地点。即使有时候她确实找到了非常隐秘的地方，又总是在我问她"躲好了没有"的时候，奶声奶气地回答"好了"，又暴露了她的行踪。

于是，我故意装作非常谨慎地仔细寻找，窗帘后看看，门后看看，她紧张的呼吸声清晰地传入我的耳朵。我夸张地缓步向她藏身的地方慢慢走去，仿佛能感觉到她扑通扑通的心跳。而当我每次找到她，她总是十分天真可爱地以小小的双手立即捂住自己的眼睛，以为她看不见我，我就看不见她了，一声不响地站立在我的眼前。而经常，我也假装故意没有看见她，转身向另外的地方走去。

有时我也会拉开她稚嫩的小手，她这才相信我已经发现了她，而不断开心地大笑。

乔伊这种愚蠢可爱的行为，经常会被我们一些来访的朋友当作取笑的题材。如今她已经长成一个亭亭玉立的大姑娘，我们有时候仍然会以这些童年的往事取笑她。乔伊说，她依然还记得当时的情景。她说，她一直将这种"我看不见你，你也看不见我"的捉迷藏的哲学当作生活处事的方式，直到进了幼儿园，与小朋友们面对了真实严肃的"游戏规则"，知道了没有人会像她父母一般宽让她之后，才知道自己所奉行的哲学有多荒谬与错误。

对于乔伊来说，这真是一个最好的人生启示。我们身边的许多人，直到成年后还在生活中用手蒙住自己的眼睛，犯着这个"我看不见你，你就看不见我"的错误，不敢面对现实。人的一生，漫长而又短暂，充满了喜乐，也充满了悲伤与挑战。很多时候，我们在悲伤与痛苦面前，在挑战来临的时候，以这种自我欺骗的方式一味回避现实，而不懂得如何拿开蒙住眼睛的双手，面对现实，迎接挑战。

这就是所谓的"回避型人格"。这种人不敢深入到自己的心灵内部去，他们的回避带有强迫性、盲目性和非理智性。这种人格的形成源于内心深处的自卑，不能正确地认识自己，低估了自己的承受能力，总是以他人为镜来评判自己。自我的认识在与他人的比较中而来，越比越泄气，越比越自卑，越自卑越回避。

人们并不是因为不诚实而自己欺骗自己，而是因为他们害怕真相，害怕所面对的超出了自己的可控范围。所以，正确地认识自己，相信自己是非常重要的。只有拿开捂住自己眼睛的双手，才能清醒地认识自己的长处与不足，才会懂得以更好的姿态迎接挑战。

一个坚强而成熟的人，一定不会为生活中的磨难找借口。面对生活的不如意，他们总会清醒地面对现实，理智地找到对应的办法，默默地把这些责任与痛苦扛在肩上，承受并转化为内在的力量。女士们，拿开你捂住眼睛的双手吧，你眼睛看不到的地方依然光明！

不要为小事垂头丧气

　　在科罗拉多美丽河畔的一个小山坡上，躺着一棵巨树的残骸。据科学家研究，这株大树至少在这里生活了400多年了。斗转星移，在这漫长的岁月里，这棵大树遭受了14次雷电的袭击，遭受了无数次的雪崩和暴风雨的洗礼，但是，它却安然无恙地挺了过来。风雨的洗礼并没有消磨它的生命力，它反而更加坚强、伟岸。可是，谁也没有想到，这株历经几百年的大树，最后却倒在了一群小得可怜的甲壳虫的嘴下。这些甲壳虫穿透树皮，蛀空它的树心，用它们微弱的但却毫不间断的攻击，一点点瓦解了它的战斗力，直到它颓然倒地，这留给世人太多的惊叹！

　　生活中的烦恼就像那些小小的甲壳虫，一点一点，击败我们的意志与心灵。我们经常会被婴儿微笑的面孔感动，他们是那么纯真无邪，那么快乐无忧，他们不知道什么是烦恼。小时候，我们也是如此，可当我们渐渐长大，各种烦恼的事情就会侵占我们的心灵。那么，我们又在烦恼什么呢？女人天生敏感，最容易被一些生活中的小事纠缠，经常为一些不足一提的小事垂头丧气。比如：上班的路上被人踩了一脚；吃饭的时候遇到一个服务态度极差的服务员；上班的时候和同事发生了一点口角；脸上不知什么时候又多了几颗小痘痘……其实那些烦扰心灵的事情，都是一些小事。可若是积累的小烦恼太多了，我们必然会像那棵大树一样，最后倒在忧虑的脚下。

有一位女士经常为一些琐碎的小事而生气、烦恼，她控制不住自己，很想改掉这个坏毛病，便去请教一位大师。

大师耐心地听完她的倾诉，一言不发，而是把她锁到了一间漆黑的房间里。这位女士非常生气，破口大骂。可是无论她怎么骂，大师都不理会。女士见这样不行，于是转而哀求，但大师依然不理。女士没有办法，只好沉默。

大师见屋里没有了声音，于是来到门外，问道："你还生气吗？"

女士答道："我在生我自己的气，真愚蠢，自己跑到这地方来找气受。"

大师听了，摇摇头说："你连你自己都不能原谅，心怎么会静下来呢？"说完，再也不理会她，转身离去。

一个小时后，大师又来问这位女士："你现在还生气吗？"

女士摇摇头说："不生气了。"

"哦，为什么不生气了呢？"大师追问道。

"生气有什么办法呀，你又不放我出去。"女士无可奈何地回答。

大师听完，说道："你其实还在生气，只是把它强压在心里。这样一旦爆发后会更加强烈。"说完，他又走了。

又过了两个小时，大师再次来到门前，女士告诉他说："我不生气了，此事根本不值得生气。"

"还知道有些事值得生气，有些事不值得，可见，心中对生气一事还有衡量，还是有气根。"大师笑着说。

女士不解地问道："那到底要怎么做？什么是气呢？"

大师什么话也没说，打开门，只把手中的茶水洒在地上。女士终于恍然大悟，满意而归。

烦恼是什么？就像大师手中的那杯茶水，转瞬间就和泥土融化一体。既然如此，又何必为一些小事苦苦纠缠呢？这只会让我们失去方向，更加焦躁不安。

安德烈·莫瑞斯在《本周》杂志中说："这些话曾经帮我熬过了很多痛苦的时光：我们常常会因为一些本可不屑一顾的小事而弄得心烦意乱……我们活在这个世上只有短短的几十年，而我们却浪费了许多不可挽回的时间，去为一些一年之内就会被所有人忘了的小事而发愁。不要这样！我们要去实践那些值得做的事情和感觉，想伟大的思想，经历真正的感情，做必须做的事。因为生命如此短暂，不能只顾小事。"

纽约州前地方检察官弗兰克·霍根也说："在我们的刑事案件里，至少有一半是因为小事情引起的。比如为小事情争吵、讲话侮辱人、说话方式不对、行为粗鲁等，一些小事情甚至还导致了伤害和谋杀。而造成这一切的原因，正是因为自尊心受到了小小的伤害，或者虚荣心未得到满足。"

有一本专辑记载了一场关于吉布林的著名官司，书名叫作《吉布林在佛蒙特的领地》。声誉卓著的拉迪亚德·吉布林正是因为一件小事，才和他的小舅子在佛蒙特打了有史以来最有名的一场官司。

吉布林娶了佛蒙特的一个漂亮女孩凯洛琳·巴里斯蒂尔，他在佛蒙特的布拉陀布罗建造了一栋非常漂亮的房子，和妻子在那里定居，准备度过余生。凯洛琳的弟弟比提成了吉布林最好的朋友，他们两个人经常一同工作，一同游玩。

后来，吉布林从比提那里买了一块地，事先约定比提每一季都可以在那里割草。后来，吉布林在那片草地上开了一个花园，比提非常生气，暴跳如雷。而吉布林也毫不示弱，反唇相讥。两人之间充满了浓浓的火药味，以前的和睦早已荡然无存。

几天之后，吉布林骑着自行车出去，比提故意突然赶着一辆马车和几匹马横穿过马路，吉布林来不及避让，一下摔倒在地。这让曾经写过"众人皆醉，你应独醒"的吉布林勃然大怒，一时昏了头，一纸诉状将小舅子告上了法庭。于是，比提被关押了起来。

接下来，发生了一场轰动一时的官司，各大城市的记者都纷纷挤到了这个小镇，将这起新闻事件传得人尽皆知。事情始终无法解决，吉布林只得带着他的妻子，永远地离开了他们在美国的家。

这一切的烦恼，仅仅来自于一件很小的事情——割草。

人本来就不该为小事而烦恼。如果想克服由小事所引起的困扰，可以学学我朋友荷马·克罗伊的做法——把重点转移到一个新的、开心的想法上。

荷马·克罗伊是一个作家，写过几本书。他说以前写作的时候，总是被纽约公寓散热器的响声吵得要发疯，砰然作响的蒸汽让他烦躁地在书桌前大叫。

荷马·克罗伊说："可是后来，有一次我和几个朋友去露营时，听到了木柴燃烧时发出的很响的啪啪声，这声音让我一下子响起了散热器的响声。但是，我为什么会喜欢木柴发出的声音呢？回到家以后，每当听到散热器的响声，我就告诉自己说，那就像火堆中的木柴发出的爆裂声，很好听。我应该在这种好听的声音里睡觉，而不用理会它。我这样想着，结果真的做到了，后来竟渐渐完全忘记了散热器的声音。"

其实，这就像很多小的忧虑一样，我们不喜欢烦躁颓丧，这都是因为，我们夸大了它们的重要性。

女士们，婚姻同样禁受不住小事的烦恼。芝加哥的约瑟夫·沙巴士法官在仲裁了四万多件婚姻矛盾后说："婚姻生活不美满的罪魁祸首是小事。"

生活中，我们常常因为一件小事而喋喋不休地责难丈夫，或许只是早晨起来没有刮胡子、回家没有换衣服就吃饭、过生日的时候却给忙忘记了……其实本来就是一件很小的事情，却让你内心产生不快与烦恼，长久的积压，必然会越来越不满自己的另一半，怨恨也会随之而生。一件件小事，或许就能摧毁你好不容易建立起的幸福家庭。

所以，人生在世短短几十年，最重要的是自己过得快乐，这样才无愧于自己美好的生命。别做一个成天为一些小事便和自己过不去的傻女人，捡了芝麻，丢了西瓜！

赶走让人苦恼的忧虑

忧虑就像是不停往下滴的水珠，而那不停地往下滴、滴、滴的忧虑，通常会使人发狂、自杀。

——卡耐基写给女人的幸福箴言

可能你不清楚忧虑给我们的身体会带来哪些伤害：它会使人的皮肤变得黯淡无光，憔悴难堪；它会让我们的表情丑陋，因为当我们咬紧牙关，会表现得愁眉苦脸、面色不悦；烦恼还会让脸上长出斑点、痘痘，甚至溃烂；它还会让你华发早生，甚至掉发，破坏生理平衡，脸上过早地出现皱纹；不仅如此，烦恼还会严重威胁我们的肌体健康，并可能为此殒命。

在美国，心脏疾病是人体最大的敌人，甚至成为头号杀手。第二次世界大战期间，曾经有三十多万人死于战场，可是，同一时期，却有200万人死于心脏疾病，这其中有过半的人，都是因为忧虑和过度紧张引起的心脏病。医生死于心脏病的概率高于农夫20倍，因为医生这个职业过于紧张。因此，伟大的诺贝尔医学奖获得者亚历西斯·卡瑞尔医生说道："不知道克服忧虑的人，都会短命而亡。"

不仅如此，忧虑还会导致身体其他方面的疾病。

有一次度假时，我曾经和郭伯尔博士同乘一车。当时，郭伯尔博士任圣塔菲铁路公司医务处长，他还有一个头衔是科罗拉多一圣塔菲联合医院的主治医师。我们谈到了忧虑，他说："在我所接诊的病人中，只要想办法让他们消除恐惧和忧虑，他们的病就会治好。其实，他们的病都是心理上的。他们的疾病就像是一颗蛀牙，当然，有时候会比这要严重得多。心理疾病和神经性消化不良、某些胃溃疡、心脏病、失眠、头痛和某种麻痹症等一样严重。"

他脸色严肃地说："这些病都是真的，因为我自己就曾经得过12年胃溃疡。恐惧会造成心理忧虑，忧虑会让我们的精神紧张，并直接影响到你的胃部神经，让你的胃液变得不正常。于是，就非常容易患胃溃疡。"

《神经性胃病》的作者约瑟夫·孟塔古博士也在书中阐述了同样的道理。他说："胃溃疡并不是因为食物所致，而是忧虑正在吞噬你的健康。"梅育诊所经过对1.5万例胃病患者的病例记录整理之后，阿法瑞兹医生得出了这样的结论："胃溃疡通常会因你的情绪紧张程度而发作或消失。"

著名的梅育兄弟宣称，医院里神经疾病的人占了一半的病床。但是，通过对这一部分人进行检查后发现，他们的"神经疾病"大部分是由悲观、烦躁、焦急、忧虑、恐惧、挫折、颓丧等情绪造成的。焦虑和烦躁不安的人大都难以适应现实世界，和周围的人没有沟通，退缩到自己的梦幻世界，从而导致身体的疾病。

南北战争中，格兰特将军也发现了忧虑可以使人生病。

格兰特围攻李将军的部队长达九个月，在被围困的日子里，李将军的军队饥困交加，士兵们都陷入了惊慌与恐惧之中，一些人甚至在帐营中祈祷、哭叫，产生了种种幻象。后来，李将军的士兵们放火烧毁了瑞奇蒙的棉花和烟草仓库，烧了兵工厂，熊熊火焰照亮了漆黑的夜空，士兵们在黑夜里弃城而逃。格兰特乘胜追击，派轻骑兵从正面截击，从其他三方夹击南部联军。同时，派骑兵拆毁铁路线，还缴获了许多补给车辆。

但是，格兰特将军却突然身患重疾，头痛剧烈，眼睛也几近失明。他不得不停在一户人家休息。

他在回忆录中写道："我把双脚泡在加了芥末的热水里，还把芥末药膏贴在手腕和颈上过了一夜，希望第二天早上能够痊愈。"

第二天，他果然好了，不过可不是芥末的药效，而是由于一个骑兵带来了李将军的投降书。

"当时我的头痛还疼得非常厉害，可是，当我一打开那封信，看到信的内容之后，我的头痛居然马上就好了。"他写道。

其实格兰特的病不是因为身体原因，而是由于过分忧虑、紧张和极度不安的情绪造成的。当胜利摆在眼前，他一下恢复了自信，所以身体很快就好了。

忧虑不仅给我们身体上带来疾病，威胁我们的生命，还会剥夺我们的快乐。既然忧虑如此可怕，我们该如何赶走让人苦恼的忧虑呢？

我曾经和一个因忧虑而患病的朋友一同去费城，我们去向一位专治这种病长达四十年之久的著名专家寻求帮助。这位医生问我朋友的第一句话就是："你这种情况是什么情绪问题造成的？"他还告诫我的朋友，如果再忧虑下去，可能会使身体染上其他的并发症。

在他候诊室的墙上，我看见了一块大木板，上面是给病人的忠告。我把它抄在了一个信封的背面：

最能让你轻松愉快的，是健康的信仰、睡眠、音乐和欢笑。

要相信上帝，要学着安稳地睡觉，喜欢美妙的音乐，凡事从好的一面来看，你就一定会找到属于你的健康和快乐。

我曾经询问过电影明星曼尔·奥伯朗关于忧虑的问题。她明确地告诉我，她不会忧虑，因为她知道，忧虑会毁了她，毁了她在银幕上的主要资产——美丽的容貌。

她告诉我："我刚刚踏入影坛的时候，内心非常担心，又很害怕。我刚从印度回来，在伦敦，没有任何人可以帮我，我想在那里找一份可以谋生的工作。可是，我找了好几家制片公司，他们都不肯录用我。我的钱用光了，我靠着一点饼干和白开水生活了两周。击打我的除了忧虑，还有饥饿。我曾经责问自己：'你就是个傻瓜，也许你永远都不会进入电影界。因为你既没有经验，也从来没有演过戏。你除了一张漂亮的脸蛋以外，什么都没有了。'我拿起镜子，看着镜子中年轻的自己。我清楚地看到了忧虑正在一点点毁了我的容貌，我的眼角已经出现了皱纹，我的脸上满是焦虑的表情。这让我大惊失色，于是，我对自己说：'快停下你的忧虑，不能再忧虑了。你现在只剩下容貌了，你不能让忧虑毁了它。'"

不错，我们怎能让忧虑毁了我们的生活呢？其实，最重要的是心态。有句话是这样说的："要么你去驾驭生命，要么生命驾驭你。人的心态决定谁是坐骑，谁是骑师。"无论摆在我们面前的是什么，都要面对现实，然后想办法解决。忧虑不会缠上积极生活的人，因为他们总是努力朝着自己的生活目标前进。

我们看看亚里士多德是如何解决那些压迫我们、使我们成天像生活在地狱中的问题的：

第一步，看清事实：我担忧什么？哥伦比亚学院已故院长赫伯特·霍基斯，当了20年院长，曾帮助过20万名中学生解决他们的忧虑。他说："混乱是导致忧虑的主要原因。世界上的忧虑有一半是因为人们没有足够的知识做决定而产生的，所以，全心全力地搜集事实，这是解决忧虑的前提。"

第二步，分析事实：我能做什么？如果对事实不加以分析和解释，即使把全世界所有的事实都搜集起来，对我们也没有任何帮助。把所有的事实写下来，再分析，往往可以有助于我们做出合理的决定。就像查尔斯·吉特林所说："把问题写清楚，就已经解决了一半的问题。"

第三步，决定怎么做。

第四步，果断地开始行动。

学会这四步，就会让忧虑远离你。女士们，忧虑是我们快乐的天敌，赶走你的忧虑吧，让生活的阳光变得更加温暖。

坦然接受不可避免的事实

> 任何人都不会有足够的情感和精力去抗拒不可避免的事实，同时又创造新的生活。你只能两者选其一：你可以接受生活中不可避免的灾难，或者抗拒它们而被摧毁。
>
> ——卡耐基写给女人的幸福箴言

荷兰阿姆斯特丹一座15世纪教堂废墟上有一行这样的字："事情既然如此，就不会另有他样。"生活中有些事情我们无力让它改变运行的轨迹，我们唯一能做的，就是坦然地接受。如果硬要为此抗争，就会越挣扎越痛苦，还不如轻快地接受不可避免的事实。

俗话说：天有不测风云，人有旦夕祸福。接受不可避免的事实，其实也是在迎接一个新的转机，就像一年四季的流转，冬天来了，春天还会远吗?

我在很小的时候，曾经和几个朋友在一栋荒废的老木屋的阁楼上玩耍。我们比赛从阁楼上往下跳，轮到我时，我先爬上窗栏，然后纵身一跳。不幸就在这时发生了，窗栏上的一颗铁钉钩住了我左手食指上戴着的一枚戒指，我的手指被生生拉断了。

我吓坏了，鲜血流了满地，我尖叫着，以为自己快要死了。小时候我曾经为我的手而自卑过，可是当我渐渐长大，我慢慢接受了这个不可避免的事实。

如果没有人提起，我竟然都忘记了我的左手只有四个手指头。

人的一生，就是一只漂泊在大海里的小船，有时风平浪静，有时也狂风巨浪。总有一些事情会突如其来，令我们防不胜防，是我们的能力无法扭转的。既然是这样，我们就别无选择，不如坦然地接受它并适应它，要不，就让忧虑毁掉你的生活。

我有一个朋友非常有才华，乐观豁达。很不幸的是，他遭遇了车祸，不得不从左手腕处截肢。大家都为他感到惋惜，可是他却平静地说："我很幸运，上帝留给了我生命，还留给我两条健康的腿，留给我一个清醒的大脑，让我好好思考与生活！我失去的不过是一只手，可我其他一样不缺，我得感谢上帝。"

当然，坦然面对并不是逆来顺受，坦然是一种豁达的心态。虽然我们时常说要与命运抗争，但有些事是不可避免的，以积极的心态面对它、接受它，实际是一种洒脱。有这样一句话："对必然的事，让我们轻快地接受。"不错，我们别无选择，对已然发生的不幸，如果一味地难过与逃避，不仅不能改变现状，反而增加痛苦。既然已经发生了，我们就应该冷静地面对，坦然地接受。

让我们来看看这些忠告吧！

哲学家威廉·詹姆斯曾说："要乐于承认事情就是如此。能够接受发生的事实，就是能克服随之而来的任何不幸。"乔治五世曾在他白金汉宫的房里挂着这样的话："教我不要为月亮哭泣，也不要因所经历的事而后悔。"

被称为"神女"的莎拉·班哈特就以她的亲身经历告诉我们，要懂得如何坦然接受并适应不可避免的事实。五十多年来，她一直是四大洲剧院独一无二的"皇后"，是全世界最爱喜爱的女星。可是，她71岁那年，却意外地破产了，所有的钱都没有了。更要命的是，她的医生、巴黎的波兹教授还告诉她必须截肢才能继续活命。曾经在横渡大西洋时，莎拉乘坐的船遭遇了暴风雨，她滑倒在甲板上，腿受了很严重的伤，得了静脉炎和腿痉挛。这让莎拉非常痛苦，医生觉得必须要锯掉她的腿。莎拉脾气很坏，医生害怕把这个可怕的消息告诉她。可没想到，当莎拉知道了以后，只是静静地看了他一会儿，语气平静地说："如果非这样不可，那就只好这样了。"

在她被推进手术室时，她的儿子站在一边哭泣。莎拉却非常轻松地向他挥挥手，开心地说："不要走开，我马上回来。"莎拉背着她演过的一场戏中的台词，有人好奇地问她是不是在给自己鼓气，她却说："不是，我是想让医生和护士们高兴点，这样他们就不会太紧张了。"

手术恢复后，莎拉继续环游世界，观众们依然为她着迷。

这让我不禁想起了爱尔西·麦克密克在《读者文摘》一篇文章中的话："当我们不再反抗那些不可避免的事实时，我们就可以节省精力，创造更丰富的生活。"

显然，环境本身并不能使我们快乐或者不快乐，我们的感受是由我们对周围环境的反应所决定的。我们内在的力量坚强得难以想象，必要的时候，我们能忍受任何灾难和悲剧，甚至能战胜它们。只要我们愿意利用我们体内的潜能，它就能帮助我们克服一切困难。

布斯·塔金顿年轻的时候经常说："人生加诸我身上的任何事情，我都能承受，但除了失明以外。我永远都无法忍受失明的痛苦。"

可是命运恰好跟他开了一个玩笑，在塔金顿60多岁的时候，突然发现他的视力出现了问题。眼科专家证实了这个不幸的事实：他的视力正在衰退，一只眼睛几乎全瞎了，另一只也快瞎了。他最怕的事情终于发生在他身上。

可是，他自己都没想到，当他得知这个消息的时候，并不是痛苦得要命，他依然非常开心，甚至会幽默地形容眼前晃过的黑斑为"老爷爷"。

完全失明后，塔金顿说："我发现，我也能承受失明的痛苦，就像一个人能承受别的灾难一样。我想，要是我的五种感官完全丧失了，我依然可以活在我的思想里。"

为了恢复视力，塔金顿一年之内接受了12次手术，这种痛苦是无法想象的。可是，他并没有抱怨，他知道这是必要的，他无法逃避，唯一能做的，就是勇于接受。这件事让明白，生命带给他的没有他不能忍受的。他说，这件事也让他领悟了弥尔顿所说的："失明并不令人难过，难过的是不能忍受失明。"

是的，我们可以抱怨，可以反抗，可以难过，可这一切能改变已经发生的事情吗？我们唯一能做的，只有改变自己的心态，与其长痛，不如乐观地接受。

潘氏连锁商店的创始人潘尼曾经告诉我："即使我所有的钱都赔光了，我也不会忧虑，因为忧虑并不能让我得到什么。我会尽可能把工作做好，至于结果，就要看老天爷了。"

这就像汽车轮胎一样，最初轮胎制造商想制造一种轮胎，可以抵抗路上的各种颠簸，可是，轮胎不久就成了碎片。他们又发明了一种可以吸收路面各种压力的，这样轮胎就可以"接受一切"，能在路上跑很久，承受更多的颠簸。这就像我们的人生，如果我们能在人生的旅途中吸收各种挫折和颠簸的话，我们就可以活得更顺利、更长久，努力享受生命的历程。

我们常常认为结果是最重要的，其实有时候，它仅仅是事物的收尾方式罢了。人生更多的幸福与快乐，是点缀在我们前行路上的，所以对于任何结果，我们都可以大声喊出："对必然的事，让我们轻快地接受吧！"

我选择快乐，我快乐无比

> 女人请把快乐当作上帝恩赐于你的礼物，并始终拥有它，因为快乐会让你变得魅力非凡。
>
> ——卡耐基写给女人的幸福箴言

快乐的女人，不是她的生活里缺少磨难和痛苦，而是她有一种乐观的人生态度，对自己充满信心。

安娜是个百货公司经理，她的心情总是很好。当有人问她近况如何时，她总是回答："我快乐无比。"

如果哪位同事心情不好，她就会告诉对方要乐观对待生活，要去看事物的正面。她说："每天早上，我一醒来就对自己说：安娜，你今天有两种选择，你可以选择心情愉快，也可以选择心情不好，我选择心情愉快。每次有坏事情发生，我可以选择成为一个受害者，也可以选择从中学些东西，我选择后者。人生就是选择，你选择如何去面对各种处境。归根结底，你自己选择如何面对人生。"

有一天，她忘记了关后门，被三个持枪的歹徒拦住了。歹徒朝她开了枪。

幸运的是事情发现较早，安娜被送进了急诊室。经过18个小时的抢救和几个星期的精心治疗，安娜出院了，只是仍有小部分弹片留在她体内。

6个月后，她的一位朋友见到了她。朋友问她近况如何，她说："我快乐无比。想不想看看我的伤疤？"朋友看了伤疤，然后问当时她想了些什么。安娜答道："当我躺在地上时，我对自己说有两个选择：一是死，一是活。我选择了活。医护人员都很好，她们告诉我，我会好的。但在她们把我推进急诊室后，我从她们的眼中读到了'她是个死人'。我知道我需要采取一些行动。"

"你采取了什么行动？"朋友问。

安娜说："有个护士大声问我有没有对什么东西过敏。我马上答'有的'。这时，所有的医生、护士都停下来等我说下去。我深深吸了一口气，然后大声吼道：'子弹!'在一片大笑声中，我又说道：'请把我当活人来医，而不是死人。'"

安娜就这样活下来了。

人生充满了选择，而生活的态度，就是一切。请展开你紧皱的眉头吧，不要陷入生活中不如意的一面而心烦意乱、情绪消沉。不妨随时问问自己："什么才是要紧事？"这样你就会发现你现有的某些选择与你既定的生活目标冲突，你就完全可以把它们从你的工作表中划去。

在这个喧嚣烦冗的世界上，乐观地对待生活更能让女人的世界五彩缤纷。我们纵观古今文学作品所塑造的女性形象，她们大都有着悲惨的身世，曲折的人生道路和一颗饱受痛苦折磨的心灵。然而现实生活中依然有很多女子也同样活得痛苦，她们把自己的生活看成是在炼狱，生活只是为了责任。

其实，一个真正懂得生活的女人是不会把自己的生活看作炼狱的，她们懂得享受生活所带来的痛苦和欢乐。她们知道虽然生活并不尽如人意，但是生活本身就是一段历程，只有懂得去享受痛苦时的铭心刻骨、欢乐时的自由欢畅，那才是生活的本来色彩。

这里有一个快乐法则，照着去做，你将变成可爱又美丽的女人。

快乐人生指南：

·一发现错误立即改正。

·牢记自己喜爱的诗歌。

·别尽信耳听，不要花光所有的积蓄或贪睡。

·不要打断别人对自己的称赞。

·多读些书，少看些电视。

·毫无保留地去爱，虽然可能因此受到伤害，可是只有这样，才能拥有一个完整的人生。

·意见不合可以据理力争，但不可辱骂对方。

·与一个你喜欢并能谈心的人结婚，因为当你年纪越来越大时，你会发现谈话的技巧变得越来越重要。

·谨记：伟大的爱和卓越的成就都需要冒极大的风险。

·尊重别人，尊重自己，为自己的行为负责。

·如果失败了，千万别忘记失败的教训。

·微笑着接听电话，让别人感觉到你的微笑。

·让自己有独处的时间。

·随时准备接受新事物，但不要丢弃应珍惜的东西。

·沉默有时候是最好的答案。

·过快乐及有尊严的人生，那么，当你回想过去的岁月时，就可以再一次快乐地享受人生。

·家对每一个人都很重要，努力创造一个和睦温暖的家。

·多与别人分享你的思想和知识，是达到不朽的途径之一。

·专注自己的事务。

·如果你非常有钱，请用你的金钱帮助别人，这是富有所能达到的最大的满足。

·有时候，得不到想得到的，是一种运气。

·最美好的爱情是彼此对对方的爱远超过对对方的需求。

·用付出的努力去衡量你的成功。

　　另外，多一些幽默感可以使你的生活更具有趣味。适当的幽默能促进你的亲和力，使你和周围的人更好地交流，赢得周围人的喜爱。从而也会使你的生活更加丰富多彩，人生更加快乐。

　　如果你是一个比较内向的人，身上的一些缺点可能会招致别人的谈论，那么与其十分尴尬地面对，不如适时地幽他一默，给别人创造了笑声，又可以摆脱自己的尴尬处境。一位幽默学家曾把幽默分为两个等级：第一层次是较低的层次，这是指只对自己讲的笑话能笑、能体会其中乐趣的人；第二是较高层次，对别人讲的笑话能笑，能体会其中乐趣的人，在这一境界里，一切困扰都会自动消失。即懂得用幽默为自己解围。因此，如果遇到自己尴尬的事，不如以一个适当的玩笑来化解，笑过之后，距离也就拉近了，尴尬也就相应地消除了。

　　不要因为外界事物的好坏而影响你的情绪，保持一个乐观的心态可以让你的生活更加丰富多彩。

　　生活本身就是一个选择，快乐还是悲伤都由你自己做决定去选择。只有快乐的女人才是最美丽的，每天早上起床时告诉自己：我选择快乐，我快乐无比。